云南师范大学教材建设基金资助出版

现代通信原理实验及仿真教程

何文学　景艳梅　侯德东　编著

科学出版社
北　京

内 容 简 介

　　本书从基于硬件模块的通信实验和基于 MATLAB/Simulink 的通信仿真入手,阐述了通信原理中涉及的主要概念及实现方法。全书分两大部分,共 13 章,第 1 部分重点讲述用硬件的手段验证通信中的原理;第 2 部分主要阐述用 Simulink 仿真的方法验证通信中的原理。全书涉及通信原理中的主要实验,从硬件与仿真两个视角帮助读者深入理解通信概念,是通信原理的辅助教程。

　　本书适合高等院校电子类专业及相关专业的本科生通信原理实验教学使用。

图书在版编目(CIP)数据

现代通信原理实验及仿真教程/何文学,景艳梅,侯德东编著 . —北京:科学出版社,2015.1
ISBN 978-7-03-043145-5

Ⅰ.①现… Ⅱ.①何… ②景… ③侯… Ⅲ.①通信原理-实验-高等学校-教材②通信原理-仿真-高等学校-教材 Ⅳ.①TN911

中国版本图书馆 CIP 数据核字(2015)第 017710 号

责任编辑:潘斯斯　郭慧玲 / 责任校对:桂伟利
责任印制:徐晓晨 / 封面设计:迷底书装

科 学 出 版 社 出版
北京东黄城根北街 16 号
邮政编码:100717
http://www.sciencep.com

北京九州迅驰传媒文化有限公司 印刷
科学出版社发行　各地新华书店经销
*
2015 年 1 月第　一　版　开本:787×1092 1/16
2018 年 7 月第三次印刷　印张:10 1/2
字数:248 000
定价:**48.00 元**
(如有印装质量问题,我社负责调换)

编 委 会

主　编　何文学

副主编（按拼音排序）

　　　　侯德东　刘应开　练　硝　毛慰明　王顺英　徐卫华

编　委（按拼音排序）

　　　　淡玉婷　董　麟　葛静燕　何贤国　金　争

　　　　景艳梅　刘丽娅　李　梅　王琼辉　张　仁

　　　　张　云

前　言

现代通信原理是一门理论性与实践性都很强的专业和核心课程。如何加深学生对本课程中的基本理论知识及基本概念的理解，提高学生理论联系实际的能力；如何培养学生分析和解决通信工程中实际存在的问题的能力是通信原理课程教学的主要目的。本书从基于硬件模块的通信实验和基于 MATLAB/Simulink 的通信系统仿真实验两部分内容，进行直观教学和进一步拓展学生的知识及技能，兼顾了学生验证、仿真及设计的综合学习，是现代通信原理课程学习的重要补充手段和途径之一。

本书为现代通信原理课堂教学的配套教材或参考书。本书的主要参考书是西安电子科技大学樊昌信等编著的《通信原理》（第 6 版）和华中科技大学屈代明编著的《通信原理学习辅导》。本书的特点是从硬件和仿真两方面验证电子通信中的基本原理，进一步加深读者对通信的理解。

本书的内容包括两部分：概述和实验过程。概述部分在相关实验之前对该领域进行简单明了的说明。实验部分从实验目的、原理、方案设计及实验步骤等方面进行全面阐述，只要认真阅读本书的实验过程，就能独立完整该实验。本书中涉及的 Simulink 仿真都可以通过网络下载，下载地址是 http://ecenter. ynnu. edu. cn/communication/hwx/ExptPackage. rar。这些代码均在 MATLAB R2009a 中调试运行过，以便于读者学习和教学中使用。

本书由云南师范大学何文学担任主编，编委会的其他同志不同程度地参与了本书的编写和实验验证工作；其中第 1 章由毛慰明和侯德东编写，第 2 章由金争和练硝编写，第 3 章及第 4 章由王琼辉（昆明学院）和刘应开编写，第 5 章由刘丽娅（昆明理工大学）编写，第 6 章由王顺英和张云（云南农业大学）执笔，第 8 章由景艳梅和徐卫华（楚雄师范学院）执笔，第 10 章由葛静燕（上海电力学院）和何贤国（中国移动保山分公司）执笔，第 11 章由董麟执笔，第 12 章由何文学执笔，第 13 章由张仁和李梅完成；编委会的其他编委也参与了不同章节的编写、文字校对、软件包的制作与书稿的合成工作，这里不再详细说明。全书由何文学统编定稿。本书得到了湖北众友科技实业股份公司提供的实验平台及相关技术资料，得到了云南师范大学教材建设基金、云南省教育厅科学研究基金重点项目（22012Z013）、国家自然科学基金项目（11164034）、云南省应用基础研究计划重点项目（2013FA035）的出版资金支持，在此表示衷心感谢。

由于通信技术发展迅猛，内容更新很快，加之作者水平有限，书中定有不足之处，敬请读者帮助指正。联系地址：E-mail：wendell31132@hotmail. com。

编者　何文学

2014 年 10 月于云南师范大学

目　　录

第1部分　基于硬件模块的验证性及综合性实验

　　本部分实验使用了湖北众友科技实业股份公司提供的通信实验模块,包括电源模块、信号源模块、终端模块、频谱分析模块、PAM/AM 模块、模拟信号数字化模块、码型变换模块、CDMA 模块和数字解调模块,共 9 个不同的模块。各模块的使用方法本书都作了详细的介绍,希望读者能灵活运用这些独立模块,达到最好的实验效果。

　　本部分实验力求对通信硬件模块实体、电路设计、波形测量点等有较全面的认识,具有一定的代表性。同时,注重理论分析与实际动手相结合,以理论指导实践,以实践验证基本原理,旨在提高读者分析问题、解决问题的能力及动手能力,初步建立较完整的通信系统的概念。

第1章 通信系统

1.1 概述

通信系统是用来完成信息或消息传输过程的技术系统的总称。通信的目的是传输含有信息的消息。目前的远程通信主要是通过"电"信号来传递消息的,所以又通常将通信称为电通信。一般来讲,通信是两个终端,通过信道来进行双向通信,如图 1.1.1、图 1.1.2 及图1.1.3 所示。

消息是对客观事物的状态的一种反映或描述。信息是人们对客观事物认识的内容。信息可以理解为消息中包含的有意义的内容,不同形式的消息可以包含相同的信息。获取信息就是通过通信系统获取对客观事物认识的内容。

信源产生消息,要转化为一定形式的电信号,通过传输媒介(信道)传送到接收端,接收者才能获得一定的信息。信号是消息的承载者,是在通信系统中传输的电信号。信宿是将接收到的电信号转成信源端相应的消息。噪声是通信过程中,在设备、信道中产生的干扰信号。

图 1.1.1　两个终端之间的通信

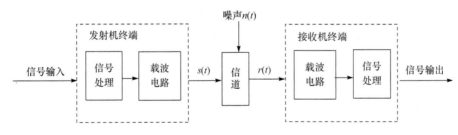

图 1.1.2　终端间通信信号流向

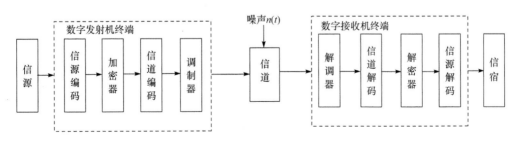

图 1.1.3　终端间通信数字信号流向

　　不同的数据必须转换为相应的信号才能进行传输：模拟数据（模拟量）一般采用模拟信号（Analog Signal），例如，用一系列连续变化的电磁波（如无线电与电视广播中的电磁波），或电压信号（如电话传输中的音频电压信号）来表示；数字数据（数字量）则采用数字信号（Digital Signal），例如，用一系列断续变化的电压脉冲（如可用恒定的正电压表示二进制数1，用恒定的负电压表示二进制数 0），或光脉冲来表示。当模拟信号采用连续变化的电磁波来表示时，电磁波本身既是信号载体，同时作为传输介质；而当模拟信号采用连续变化的信号电压来表示时，它一般通过传统的模拟信号传输线路（如电话网、有线电视网）来传输。当数字信号采用断续变化的电压或光脉冲来表示时，一般则需要用双绞线、电缆或光纤介质将通信双方连接起来，才能将信号从一个节点传到另一个节点。模拟数据是连续的，数字信号是离散的，如模拟波中在数值 1 和 2 之间存在无限个数（如 1.1，1.25，1.33，…，2），但在数字信号中就只有两个数 1 和 2 是离散的，1 和 2 之间的数全部忽略。

　　模拟信号要变换为数字信号要经过取样、量化、编码三个过程，称为模/数（A/D）变换，语音通信中通常采用脉冲编码调制（PCM），整个过程如图 1.1.4 所示。取样就是把模拟信号按一定的时间间隔 T 进行抽样，将模拟信号离散化，得到与模拟信号在抽样瞬间的幅度成正比的一系列脉冲。如图 1.1.4(b)所示。两个脉冲之间的时间间隔称为取样间隔 T，脉冲的重复频率称为取样频率。量化也叫分层，是将幅度上无限多种连续的样值变为有限个离散样值的过程。图 1.1.4(c)说明了量化过程，在 y 轴上分别取 8 个量化电平，在 x 轴上设了 5 个取样值，得到曲线上的实际取样值分别为 1.2、4、6.2、5.9、3.2。在信号传输过程中，传送的不是这些实际取样值，而是将 8 个量化电平按四舍五入方法分别取与实际取样值最接近的数值，即 1、4、6、6、3 数值。量化输出电平与原取样值存在的误差叫量化误差。量化误差会产生一种干扰噪声叫量化噪声。

　　量化噪声是在量化过程中产生的，为了减小量化噪声，可增加量化电平的数目，减小量化间隔。模拟信号数字化的最后一步是编码，编码就是把取样、量化后的离散脉冲信号按照一定的对应关系转换成一系列数字编码脉冲的过程。量化后的离散脉冲电平是用十进制表示的，必须变换成二进制量化电平，即把信号波形变为一组一组的电脉冲（每个脉冲只有两个电平，即 0 和 1）。

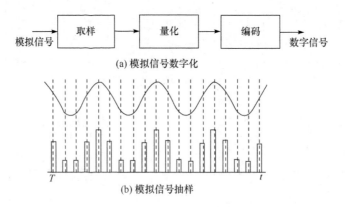

(a) 模拟信号数字化

(b) 模拟信号抽样

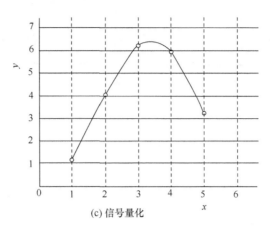

(c) 信号量化

图 1.1.4　模拟信号数字化过程

1.2　实验系统构成

本部分实验共有 7 个，主要是体验通信原理中最基本的概念，如图 1.2.1 所示。实验以模块的形式组装在一个实验平台上。平台由电源模块将 220V 的实验室交流电压转换为各模块需要的 12V/5V 直流电源，统一在平台上提供，其他各模块按照其需求在平台上就可获得需要的直流电源。

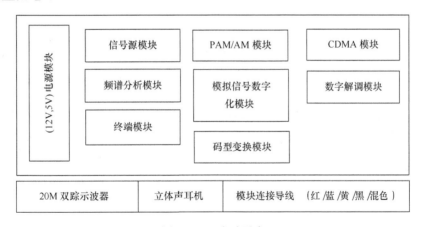

图 1.2.1　实验平台

本部分实验设计了电源模块、信号源模块、频谱分析模块、终端模块、PAM/AM 模块、模拟信号数字化模块、码型变换模块、CDMA 模块和数字解调模块共 9 个模块；20M 双踪示波器、立体声耳机及模块连接导线是实验需要的基本工具。这些模块中使用的主要芯片在各实验后面会有介绍，读者可以进一步参考或设计类似的实验模块。

由于模块中电路板、芯片及元器件是裸露的，所以在实验的装拆过程中，要断电操作，不要用手直接去拿电路板的正反面，而是要用手掐住电路板的侧面，按规范进行安装。5V 电源线使用红色导线连接，12V 使用黄色导线，地使用黑色导线，信号线使用蓝色或其他颜色的导线。

第2章 信 号

2.1 概 述

1) 模拟信号与数字信号

信号在时间和数值上都是连续变化的信号称为模拟信号。模拟信号是指用连续变化的物理量表示的信息,其信号的幅度,或频率,或相位随时间连续变化,如目前广播的声音信号或图像信号等。

模拟信号分布于自然界的各个角落,如每天温度的变化,而数字信号是人为地抽象出来的在时间上不连续的信号。电学上的模拟信号主要是指幅度和相位都连续的电信号,此信号可以被模拟电路进行各种运算,如放大、相加、相乘等。

模拟信号的主要优点是其精确的分辨率,在理想情况下,它具有无穷大的分辨率。与数字信号相比,模拟信号的信息密度更高。由于不存在量化误差,它可以对自然界物理量的真实值进行尽可能逼近的描述。

模拟信号的另一个优点是,当达到相同的效果时,模拟信号处理比数字信号处理更简单。模拟信号的处理可以直接通过模拟电路组件(如运算放大器等)实现,而数字信号处理往往涉及复杂的算法,甚至需要专门的数字信号处理器。

模拟信号的主要缺点是它总是受到噪声(信号中不希望得到的随机变化值)的影响。信号被多次复制,或进行长距离传输之后,这些随机噪声的影响可能会变得十分显著。在电学里,使用接地屏蔽(Shield)、线路良好接触、使用同轴电缆或双绞线,可以在一定程度上缓解这些负面效应。

噪声效应会使信号产生有损。有损后的模拟信号几乎不可能被再次还原,因为对所需信号的放大会同时对噪声信号进行放大。如果噪声频率与所需信号的频率差距较大,可以通过引入电子滤波器,过滤掉特定频率的噪声,但是这一方案只能尽可能地降低噪声的影响。因此,在噪声的作用下,虽然模拟信号理论上具有无穷分辨率,但并不一定比数字信号更加精确。

尽管数字信号处理算法相对复杂,但是现有的数字信号处理器可以快速地完成这一任务。另外,计算机等系统的逐渐普及,使得数字信号的传播、处理都变得更加方便。例如,照相机等设备都逐渐实现数字化,尽管它们最初必须以模拟信号的形式接收真实物理量的信息,最后都会通过模拟数字转换器转换为数字信号,以方便计算机进行处理,或通过互联网进行传输。

数字信号指幅度的取值是离散的,幅值表示被限制在有限个数值之内。二进制码就是一种数字信号。二进制码受噪声的影响小,易于用数字电路进行处理,所以得到了广泛的应用。

模拟信号和数字信号之间可以相互转换:模拟信号一般通过脉码调制(Pulse Code Modulation,PCM)方法量化为数字信号,即让模拟信号的不同幅度分别对应不同的二进制值,如采用 8 位编码可将模拟信号量化为 $2^8 = 256$ 个量级,实用中常采取 24 位或 30 位编码;数字信号一般通过对载波进行移相(Phase Shift)的方法转换为模拟信号。计算机、计算机局域网与城域网中均使用二进制数字信号,目前在计算机广域网中实际传送的则既有二进制数字信号,也有由数字信号转换而得的模拟信号,但是更具应用发展前景的是数字信号。

2) 数字信号的特点

(1) 抗干扰能力强、无噪声积累。在模拟通信中,为了提高信噪比,需要在信号传输过程中及时对衰减的传输信号进行放大,信号在传输过程中不可避免地叠加上的噪声也被同时放大。随着传输距离的增加,噪声累积越来越多,以致使传输质量严重恶化。对于数字通信,由于数字信号的幅值为有限个离散值(通常取两个幅值),在传输过程中虽然也受到噪声的干扰,但当信噪比恶化到一定程度时,即在适当的距离采用判决再生的方法,再生成没有噪声干扰的和原发送端一样的数字信号,所以可实现长距离高质量的传输。

(2) 便于加密处理。信息传输的安全性和保密性越来越重要,数字通信的加密处理比模拟通信容易得多,以话音信号为例,经过数字变换后的信号可用简单的数字逻辑运算进行加密、解密处理。

(3) 便于存储、处理和交换。数字通信的信号形式和计算机所用信号一致,都是二进制代码,因此便于与计算机联网,也便于用计算机对数字信号进行存储、处理和交换,可使通信网的管理、维护实现自动化、智能化。

(4) 设备便于集成化、微型化。数字通信采用时分多路复用,不需要体积较大的滤波器。设备中大部分电路是数字电路,可用大规模和超大规模集成电路实现,因此体积小、功耗低。

(5) 便于构成综合数字网和综合业务数字网。采用数字传输方式,可以通过程控数字交换设备进行数字交换,以实现传输和交换的综合。另外,电话业务和各种非话业务都可以实现数字化,构成综合业务数字网。

(6) 占用信道频带较宽。一路模拟电话的频带为 4kHz 带宽,一路数字电话约占 64kHz,这是模拟通信目前仍有生命力的主要原因。随着宽频带信道(光缆、数字微波)的大量利用(一对光缆可开通几千路电话)以及数字信号处理技术的发展(可将一路数字电话的数码率由 64Kbit/s 压缩到 32Kbit/s 甚至更低的数码率),数字电话的带宽问题已不是主要问题了。

2.2 实验 1 信号源

1. 实验目的

(1) 了解频率连续变化的各种波形的产生方法。
(2) 了解帧同步信号与位同步信号在整个通信系统中的作用。
(3) 熟练掌握信号源模块的使用方法。

2. 实验内容

(1) 观察频率连续可变信号发生器输出的各种波形及 7 段数码管的显示。

（2）观察点频方波信号的输出。

（3）观察点频正弦波信号的输出。

（4）拨动拨码开关,观察码型可变 NRZ 码的输出。

（5）观察位同步信号和帧同步信号的输出。

3. 实验仪器

（1）信号源模块 1 块。

（2）20M 双踪示波器 1 台。

（3）连接线若干。

4. 实验原理

1）信号源数字部分

数字部分为实验箱提供以 2MHz 为基频、分频比为 1～9999 的 BS、2BS、FS 信号及 24 位的 NRZ 码,并提供 1MHz、256kHz、64kHz、32kHz、8kHz 的方波信号,如图 2.2.1 所示。

信号源数字部分的信号是直接由 CPLD(复杂可编程逻辑器件)芯片分频得到的。

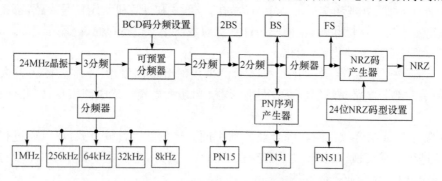

图 2.2.1　数字信号源部分原理框图

（1）首先将 24MHz 的有源晶振进行 3 分频得到 8MHz 的时钟信号。

（2）然后通过可预置的分频电路(分频比为 1～9999)。由于经可预置分频器出来的信号是窄脉冲,所以通过 D 触发器 2 分频将其变为占空比是 50% 的信号,因此从 CPLD(复杂可编程逻辑器件)得到的 BS 信号频率是以 2MHz 为基频进行 1～9999 分频的信号。

（3）BS 信号经过一个 24 分频的电路得到一个窄脉冲,即 FS 信号。

（4）NRZ 码产生器通过对 FS 信号和 BS 信号的触发得到同外部码型调节一样的 NRZ 码。

（5）8MHz 的信号还用于产生 1MHz、256kHz、64kHz、32kHz、8kHz 的信号。

（6）D0～D7 为预留端口。

2）信号源模拟部分

模拟信号源部分可以输出频率和幅度可任意改变的正弦波(频率变化范围 100Hz～10kHz)、三角波(频率变化范围 100Hz～1kHz)、方波(频率变化范围 100Hz～10kHz)、锯齿波(频率变化范围 100Hz～1kHz),以及提供的 32kHz、64kHz 正弦波的载波信号,如图 2.2.2 所示。

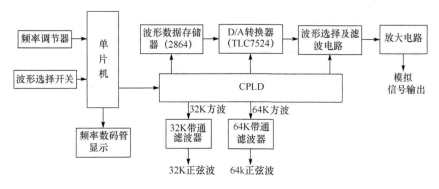

图 2.2.2 模拟信号源部分原理框图

正弦波、方波、锯齿波、三角波一个周期的点数据被以不同的地址存入波形数据存储器中,单片机根据波形选择开关和频率调节器送入的信息,一方面发出控制信号给 CPLD 调制 CPLD 中分频器的分频比,并将分频后的频率通过驱动数码管显示出来,另一方面通过控制 CPLD 使其输出与波形选择及分频比输出的频率相对应的地址信号送到波形数据存储器中,然后输出的波形的数字信号依次通过 D/A 转换器、滤波器、放大器得到所需要的模拟信号。

5. 实验步骤

(1) 将信号源模块小心地固定在主机箱中,确保电源接触良好。

(2) 插上电源线,打开主机箱右侧的交流开关,再按下开关 POWER1、POWER2,发光二极管 LED01、LED02 发光,按复位键,信号源模块开始工作(注意,此处只是验证通电是否成功,在实验中均是先连线,后打开电源做实验,不要带电连线)。

(3) 模拟信号源部分

① 观察"32K 正弦波"和"64K 正弦波"输出的正弦波波形,调节对应的电位器的"幅度调节"可分别改变各正弦波的幅度。

② 按下"复位"按键使 U03 复位,波形指示灯"正弦波"亮,波形指示灯"三角波"、"锯齿波"、"方波"以及发光二极管 LED07 灭,数码管 SM01~SM04 显示"2000"。

③ 按"波形选择"按键,波形指示灯"三角波"亮(其他仍熄灭),此时信号输出点"模拟输出"的输出波形为三角波。逐次按下"波形选择"按键,四个波形指示灯轮流发亮,此时"模拟输出"点轮流输出正弦波、三角波、锯齿波和方波。

④ 将波形选择为正弦波时(对应发光二极管亮),转动"频率调节"的旋转编码器,可改变输出信号的频率,观察"模拟输出"点的波形,并用频率计查看其频率与数码管显示的是否一致。转动对应电位器"幅度调节"可改变输出信号的幅度,幅度最大可达 5V 以上(注意:发光二极管 LED07 熄灭,转动旋转编码器时,频率以 1Hz 为单位变化;按一下旋转编码器,LED07 亮,此时转动旋转编码器,频率以 50Hz 为单位变化;再按一下旋转编码器,LED07 熄灭,频率再次以 1Hz 为单位变化)。

⑤ 将波形分别选择为三角波、锯齿波、方波,重复上述实验,如图 2.2.3~图 2.2.6 所示。

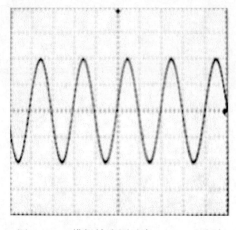

图 2.2.3　模拟输出测试点：2kHz 正弦波

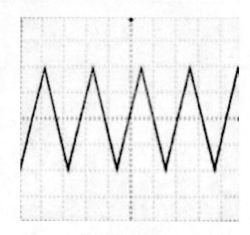

图 2.2.4　模拟输出测试点：1kHz 三角波

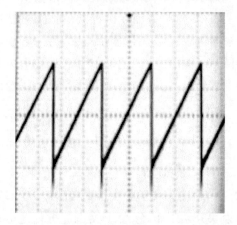

图 2.2.5　模拟输出测试点：1kHz 锯齿波

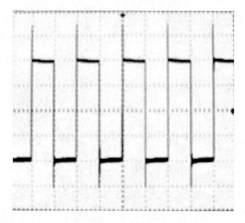

图 2.2.6　模拟输出测试点：2kHz 方波

⑥ 电位器 W02 用来调节开关电容滤波器 U06 的控制电压，电位器 W01 用来调节 D/A 转换器 U05 的参考电压，这两个电位器在出厂时已经调好，切勿自行调节。

（4）数字信号源部分。

① 拨码开关 SW04、SW05 的作用是改变分频器的分频比（以 4 位为一个单元，对应十进制数的 1 位，以 BCD 码分别表示分频比的千位、百位、十位和个位），得到不同频率的位同步信号。分频前的基频信号为 2MHz，分频比变化范围是 1～9999，所以位同步信号频率范围是 200Hz～2MHz。例如，若想信号输出点 BS 输出的信号频率为 15.625kHz，则需将基频信号进行 128 分频，将拨码开关 SW04、SW05 分别设置为 00000001 和 00101000，就可以得到 15.625kHz 的方波信号。拨码开关 SW01、SW02、SW03 的作用是改变 NRZ 码的码型。1 位拨码开关就对应着 NRZ 码中的一个码元，当该位开关往上拨时，对应的码元为 1，往下拨时，对应的码元为 0。

② 将拨码开关 SW04、SW05 分别设置为 00000001 和 00101000，SW01、SW02、SW03 分别设置为 01110010、00110011 和 10101010，观察 BS、2BS、FS、NRZ 波形，如图 2.2.7～图 2.2.10 所示。

③ 改变各拨码开关的设置，重复观察以上各点波形。

④ 观察 1024K、256K、64K、32K、8K 各点波形（由于时钟信号为晶振输出的 24MHz 方

波,所以整数倍分频后只能得到 1000K、250K、62.5K、31.25K、7.8125K 信号,电路板上的标识为近似值,这一点请注意),如图 2.2.11～图 2.2.17 所示。

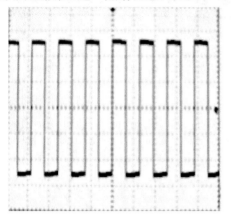

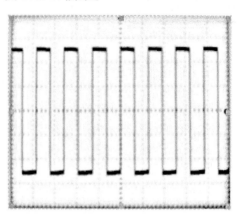

图 2.2.7 BS 测试点:输出的方波(SW04、SW05 设为 00000001 00101000,128 分频,15.625kHz)

图 2.2.8 2BS 测试点:输出的方波(SW04、SW05 设为 00000001、00101000,128 分频,31.25kHz)

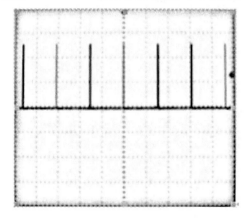

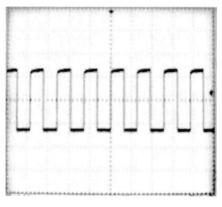

图 2.2.9 FS 测试点:输出的窄脉冲(SW04、SW05 设为 00000001、00101000,128 分频,651Hz)

图 2.2.10 NRZ 测试点:输出的方波(SW01、SW02、SW03 设为 10101010、10101010、10101010,128 分频)

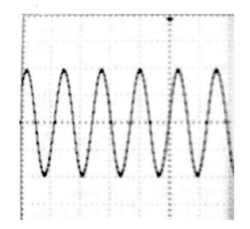

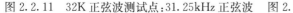

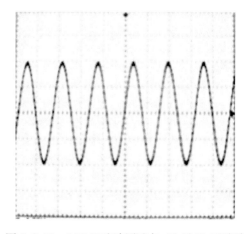

图 2.2.11 32K 正弦波测试点:31.25kHz 正弦波

图 2.2.12 64K 正弦波测试点:62.5kHz 正弦波

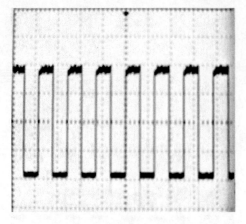

图 2.2.13　8K 测试点:7.8125kHz 方波

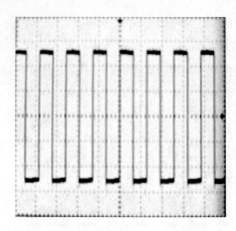

图 2.2.14　32K 测试点:31.25kHz 方波

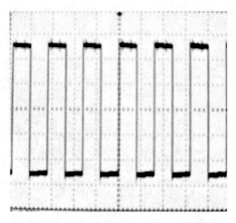

图 2.2.15　64K 测试点:62.5kHz 方波

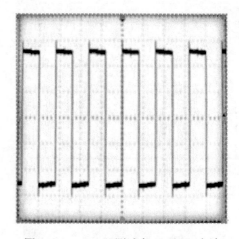

图 2.2.16　256K 测试点:250kHz 方波

⑤ 将拨码开关 SW04、SW05 分别设置为 00000001 和 00101000,观察伪随机序列 PN15、PN31、PN511 的波形,如图 2.2.18～图 2.2.20 所示。

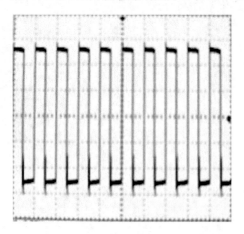

图 2.2.17　1024K 测试点:1MHz 方波

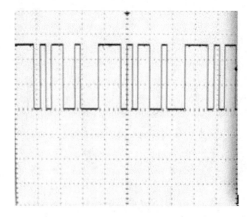

图 2.2.18　PN15 的测试点:15 位
的 m 序列的输出点

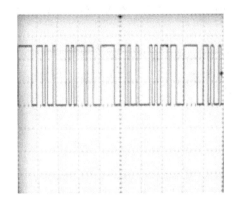 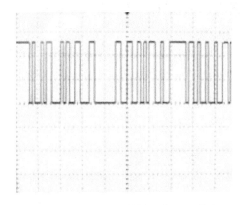

图 2.2.19　PN31 的测试点：31 位的　　　　　图 2.2.20　PN511 的测试点：511 位的
　　　　　　m 序列的输出点　　　　　　　　　　　　　　　　m 序列的输出点

⑥ 改变拨码开关 SW04、SW05 的设置，重复观察以上各点波形。

6. 实验结果

(1) 模拟信号源(见图 2.2.3-图 2.2.6)。

(2) 数字信号源(见图 2.2.7-图 2.2.20)。

7. 思考题及参考答案

(1) 什么是 D/A 转换器、A/D 转换器?

答　D/A 转换器是数字量转换为模拟量的电子器件。A/D 转换器是模拟量转换为数字量的电子器件。

在工业控制过程中，它是控制系统与微型电子计算机之间不可缺少的接口方式。要实现自动控制，就要检测有关参数，A/D 转换器把检测到的电压或电流信号(模拟量)转换成计算机能够识别的等效数字量，这些数字量经过计算机处理后输出结果，通过 D/A 转换器变为电压或电流信号，送到执行机构，达到控制某种过程的目的。

(2) 滤波器主要有哪几种类型? 试说明带通滤波器在本实验中的作用。

答　对特定频率的频点或该频点以外的频率进行有效滤除的电路，就是滤波器。滤波器的功能就是允许某一部分频率的信号顺利通过，而另外一部分频率的信号则受到较大的抑制，它实质上是一个选频电路。

通常按所通过信号的频段，将滤波器分为低通滤波器、高通滤波器、带通滤波器和带阻滤波器四大类。低通滤波器允许信号中的低频或直流分量通过，抑制高频分量或干扰和噪声。高通滤波器允许信号中的高频分量通过，抑制低频或直流分量。带通滤波器允许一定频段的信号通过，抑制低于或高于该频段的信号、干扰和噪声。带阻滤波器抑制一定频段内的信号，允许该频段以外的信号通过。

本实验中的带通滤波器只允许所要产生特定频率的正弦波、方波、锯齿波、三角波信号通过，其他频率的被滤出。

(3) 什么是单片机? 简述本实验通过单片机产生正弦波、方波、锯齿波、三角波信号的过程。

答　单片机又称微控制器(Microcontrol Unit,MCU),指一个集成在一块芯片上的完整计算机系统。

本实验通过单片机可产生各种频率的数字正弦波、方波、锯齿波、三角波信号,然后再通过 CPLD 分频器和滤波器得出需要的频率的波形,在通过 D/A 转换后在示波器上进行观察。

8. 信号源模块中的主要元器件

信号源模块主要元器件如图 2.2.21 所示。

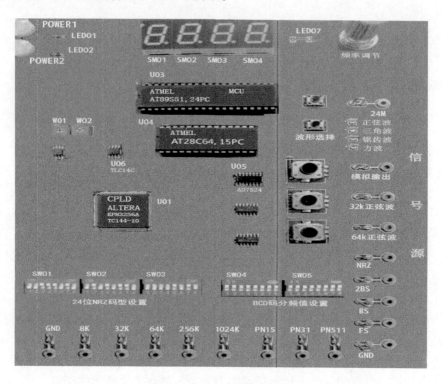

图 2.2.21　信号源模块简图

1) CPLD:ALTERA MAX EPM3256ATC144-10

EPM3256A 是 Altera 公司的 MAX 3000 系列 CPLD 器件,其特点如下。

(1) 高性能、低功耗 CMOS EEPROM 技术。

(2) 遵循 IEEE Std. 1149.1 Joint Test Action Group (JTAG)增强的 ISP 功能-ISP circuitry compliant with IEEE Std. 1532。

(3) 高密度可编程逻辑器件,5000 可用门。

(4) 4.5ns pin to pin 延时,最高频率 227.3MHz。

(5) I/O 接口支持 5V、3.3V 和 2.5V 等多种电平。

2) 存储器:ATMEL AT28C64

ATMEL(爱特梅尔)AT28C64 是一种采用 NMOS/CMOS 工艺制成的 8K×8 位 28 引脚的可用电接除可编程只读存储器。

其读/写像 SRAM 操作一样,不需要外加任何元器件。读访问速度可为 45～450ns,在写入之前自动擦除。有部分芯片具有两种写入方式,一种是像 28(C)17 一样的字节写入方式,还有另一种页写入方式。AT28C64 的页寄存器为 64B。

ATMEL 并行接口 EEPROM 程序存储器芯片 AT28C64 采用单一电源(5±0.1)V,低功耗工作电流 30mA,备用状态时只有 100PA 出,与 TTL 电平兼容。

一般商业品工作温度范围为 0～+70℃,工业品为 −40～+85℃。

3) MCU:ATMEL AT89S51

AT89S51-24PC 单片机,最高工作频率 24MHz,供电电压范围为 4.0～5.5V,40 引脚 DIP 封装,片内 4KB 的 FLASH 程序存储器,128B 的片内 RAM,两个定时器/计数器,6 个中断源,5 个可用中断,两个中断级别。支持掉电模式和空闲模式,是 MSC8051 指令集。这种芯片与 INTEL 的 8051 芯片相比更加复杂,如 6 个中断源就比 MCS8051 的 5 个中断多 1 个,这个中断源用于芯片的编程。另外多了空闲模式和掉电模式。

该单片机还支持 ISP 功能,这样利用一条 ISP 下载线,加上免费的 EASYISP 软件或者 ISPDOWN 软件,在现场编程很方便。在保护自己的程序方面,这些芯片都有 3 级保护位,一旦写入保护,破译芯片中的内容会变得非常困难。

2.3 实验 2 终端

1. 实验目的

(1) 了解终端在整个通信系统中的作用。
(2) 了解通信系统的质量优劣受哪些因素影响。
(3) 掌握终端模块的使用方法。

2. 实验内容

(1) 将原始数字基带信号和接收到的数字信号送入终端模块,观察发光二极管的显示,判断是否出现误码。
(2) 将接收到的模拟信号送入终端模块,用耳机收听还原出来的信号,从而对整个通信系统信号传输质量得出结论。

3. 实验仪器

(1) 信号源模块 1 块。
(2) 终端模块 1 块。
(3) 20M 双踪示波器 1 台。
(4) 立体声耳机 1 副。
(5) 连接线若干。

4. 实验原理

1) 音频信号产生

音频信号有两种:一种是由单放机输出的音频信号,该信号在输入前已经过放大,故可以直接输出（由 T-OUT1 输出），也可以经过 LM386 再放大后由 T-OUT2 输出；另一种音频信号是由实验箱所配带话筒立体声耳机的话筒部分输入的语音信号，该信号功率太小，必须经过 LM386 的放大后由 T-OUT2 输出。电路原理图如图 2.3.1 所示。

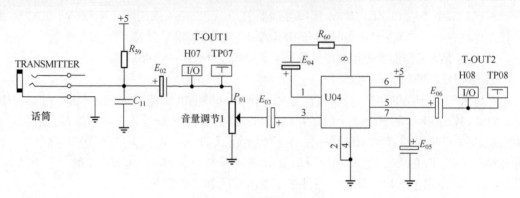

图 2.3.1　音频功放电路

2）终端模拟部分

将接收到的模拟信号从 R-IN 输入，分压后再经 E07(10uF)滤除其直流成分，然后送入音频功率放大器 U05（LM386）放大后由实验箱所配耳机输出。电路原理图如图2.3.2 所示。

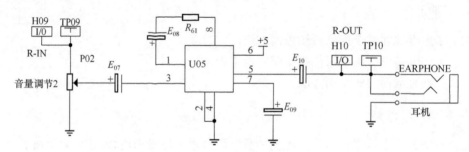

图 2.3.2　音频功放电路

3）终端数字部分

本实验中数字基带信号的接收与发送均为串行通信，每一帧为 24 位。实验时将接收到的数字信号、位同步信号、帧同步信号分别从输入点 DATA2、BS2、FS2 送入 U04，它为可编程逻辑器件，通过其经串/并转换后由发光二极管 D25～D48 分别显示；然后再将原始数字基带信号、位同步信号、帧同步信号分别从输入点 DATA1、BS1、FS1 送入 U04，经串/并转换后由发光二极管 D01～D24 分别显示。通过比较这两组发光二极管的亮灭情况，就可以直观判断接收到的数字信号是否出现了误码。

两组数字信号的串/并转换均在 U04 内部完成，其工作原理如下：以位同步信号为时钟，数字信号逐位移入三片串联的 74164（八位移位寄存器，三级串联后可保存 24 位数据），三片 74164 的输出端分别连至三片 74374（八上升沿 D 触发器）的输入端，当帧同步信号的上升沿到来时，一帧完整的数字信号（24 位）恰好全部移入三片 74164，此时三片 74374 开始读数，24 位数字信号被读入 24 个 D 触发器的 D 端。因为帧同步信号的高电平维持时间小于一位码元的宽度,所以帧同步信号每来一个上升沿,74374 只能从外部读入一位数据,其他时间处于锁存状态,从而避免了数据的错误读写。读入 D 端的数据在触发器时钟的控制下从 Q 端输出驱动发光二极管,从而实现数据传输的串/并转换。同理,实现数据传输的并/串转换也采用类似的电路,在此不再重述。

特别值得注意的是,送入终端模块的数字信号必须是以 24 位为一帧的周期性信号。

电路原理框图如图 2.3.3 所示。

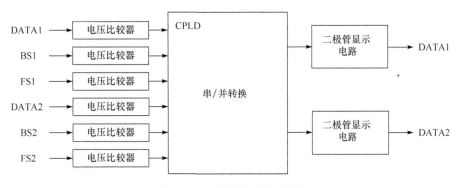

图 2.3.3　终端数字原理框图

5. 实验步骤

(1) 将信号源模块、终端模块小心地固定在主机箱中,确保电源接触良好。

(2) 插上电源线,打开主机箱右侧的交流开关,再分别按下两个模块中的开关 POWER1、POWER2,对应的发光二极管 LED01、LED02 发光,按一下信号源模块的复位键,两个模块均开始工作。注意,此处只是验证通电是否成功,在实验中均是先连线,后打开电源做实验,不要带电连线。

(3) 音频信号的产生实验。

① 将带话筒立体声耳机的话筒插入话筒插座(Transmitter),对着话筒说话,用双踪示波器观测测试点 T-OUT1、T-OUT2 波形,并比较两测试点波形的区别。调节"音量调节 1"旋钮,观测波形变化,如图 2.3.5 所示。

② 用单放机代替话筒,重复上述实验。

(4) 模拟信号接收实验。

① 连接信号源模块的模拟输出与终端模块的模拟信号输入点 R-IN,将耳机插入耳机插座,调节信号源产生的模拟信号的频率,听听耳机里面的声音发生了什么变化。

② 连接测试点 T-OUT2 和 R-IN,将话筒和耳机分别插入话筒插座、耳机(Earphone)插座中,对着话筒说话,并调节"音量调节 1"旋钮、"音量调节 2"旋钮,听听耳机能否无差错地还原语音。

(5) 数字信号接收实验。

① 关闭所有电源,将信号源模块中的拨码开关 SW01～SW05 设置为非全 0 或非全 1 状态,用连接线按如下接法连接各点。

信号源模块		终端模块
NRZ	———	DATA1、DATA2
BS	———	BS1、BS2
FS	———	FS1、FS2

打开各模块电源,按一下终端模块的"复位"开关,使 U04 复位,观察 D01～D24 和 D25～D48这两组发光二极管上下各对应位的亮灭情况是否一致。

②改变信号源模块拨码开关的设置,再次观察两组发光二极管的亮灭情况。

（6）值得注意的是,在这里做的都是最简单的信号接收实验,在后继的实验中,终端模块将作为衡量通信系统传输质量好坏的工具,希望同学们能够灵活使用。

6. 实验结果

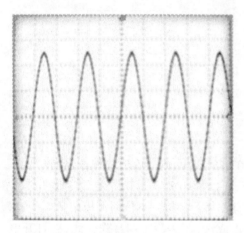
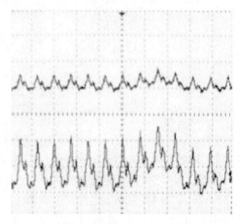

图 2.3.4　R-OUT 测试点输出的正弦波　　　　图 2.3.5　T-OUT1 与 T-OUT2 的输出测试点
　（输入为 2kHz 的正弦波,幅值可调）　　　（上为 T-OUT1,下为 T-OUT2,T-OUT2 是经
　　　　　　　　　　　　　　　　　　　　　　过放大后输出的波形）

7. 思考题及参考答案

（1）本实验中话筒和耳机的功能是什么？

答　本实验中的话筒终端产生模拟音频信号,可视为信源终端;耳机接收模拟音频信号,可视为信宿终端。

（2）简述本实验的终端模块的功能。

答　本实验中的终端模块的功能是将话筒输入的串行模拟信号转换成并行数字信号,再将并行数字信号转换为串行模拟信号输出到耳机。本实验在完成该模/数和数/模转换过程中,使用 CPLD(复杂可编程逻辑器件)。

8. 终端模块中的主要元器件

终端模块主要元器件如图 2.3.6 所示。

CPLD:ALTERA MAX EPM7128SLC84-15

Altrea 公司的 EPM7128SLC84 中的 LC84-15,84 代表有 84 个引脚,15 代表速度等级

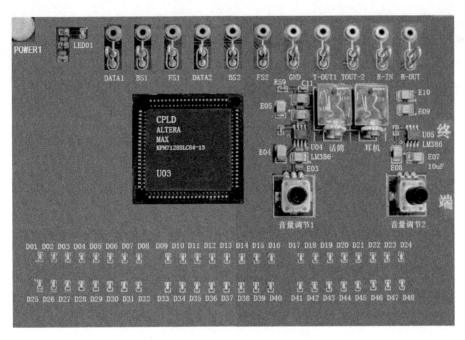

图 2.3.6　终端模块简图

为 15ns。EPM7128SLC84 是 Altera 公司开发的 CPLD 器件,属于 MAX 7000S 系列。在高集成度 PLD 器件中,MAX 7000S 系列是速度最快的类型之一,它内部为第二代 MAX (Multiple Array Matrix)结构。除了集成度高的优点外,器件内部单元(cell)之间的连接采用连续的金属线,这种互连结构为单元之间提供了固定的、短时延的信号通道,从而消除了内部延时的难以预测性,并有效地提高了芯片资源的利用效率。

EPM7128SLC84 是基于 EEPROM 的可编程 CMOS 器件,其主要性能指标如下。

(1) 外部引脚数目为 84,内部等效门数为 2500 左右。

(2) 内部有 128 个逻辑宏单元(Macrocell),每 16 个宏单元组成一个逻辑阵列块(LAB),每个逻辑阵列块对应 8 个 I/O 引脚。

(3) 除通用 I/O 引脚外,EPM7128SLC84 有两个全局时钟、一个全局使能和一个全局清零输入。

(4) 器件最高计数频率为 151.5MHz,内部互连延时为 1ns。

EPM7128SLC84 的主要特点如下。

(1) 支持通过 JTAG 口进行 5V 电压的在片编程。

(2) 宏单元的工作速率和功耗可编程选择,用户可决定每一个宏单元的工作模式——选择一般模式或节能模式(功耗降低 50% 或更多,但延时加大)。

(3) 宏单元的触发器有独立的清零、预置、时钟和时钟使能控制,可通过编程进行设置;

(4) 器件的引脚输出可设置,有以下三种选项:①多电平 I/O 接口,通过硬件设置可使引脚输出支持 5V 或 3.3V 两种电平;②输出回转速率(Slew-Rate)控制,用户可决定每一个 I/O引脚的输出回转速率,大回转速率缩小了信号通道的延时,但有可能加大瞬态噪声;③集电极开路选择。

(5) 具有一个完善、友好的软件环境支持器件开发,Altera 公司的 EDA 软件 MAX＋

Plus Ⅱ 集成了设计文件编辑、编译、仿真、时序分析和器件编程等各项功能,并能直接控制器件内部宏单元或输出引脚的设置。

(6) Altera 的硬件描述语言 AHDL 与 CPLD 硬件结合紧密,并且提供优化的 Megafunction 函数库,支持灵活地描述各类常用复杂电路,如计数器、锁相环等。

2.4　实验 3　频谱分析

1. 实验目的

(1) 通过对输入模拟信号频谱的观察和分析,加深对傅里叶变换和信号频率特性的理解。

(2) 掌握频谱分析模块的使用方法。

2. 实验内容

(1) 将信号源输出的模拟信号输入本模块,观察其频谱。

(2) 将其他模块输出的模拟信号输入本模块,观察其频谱。

3. 实验仪器

(1) 频谱分析模块 1 块。

(2) 信号源模块 1 块。

(3) 320M 双踪示波器 1 台。

(4) 连接线若干。

4. 实验原理

在本实验箱中,模拟信号从 S-IN 输入,经过低通滤波以后,通过用拨码开关 SW01 进行选择的通道(拨码开关有 4 位,分别对应最高截止频率为 1kHz,10kHz,100kHz,1MHz 的低通滤波器),经 10 位 A/D 转换器 U06(TLC876C)对经预处理后的模拟信号进行 A/D 转换(通过用拨码开关 SW02 选择合适的采样率,具体采样率选择详情见实验步骤(4)),然后将数字信号传送到 U01(TMS320VC5402)进行处理。最后把处理后的信号经两片 8 位 D/A 转换器 U09(AD7524)、U10(AD7524)进行 D/A 转换以后分成 X 轴信号和 Y 轴信号输出到示波器上进行频谱观察。

实验电路工作原理框图如图 2.4.1 所示。

1) 低通滤波电路

如图 2.4.2 所示,这里低通滤波器的作用是抗混叠。混叠是指信号的最高频率超过1/2 倍的采样频率时,部分频率成分互相交叠起来的现象。这时,混叠的那部分频率成分的幅值就与原始情况不同,采样就造成了信息的损失。因此在采样前需对输入信号进行滤波,以去掉输入信号中高于 1/2 倍采样频率的那部分频率成分。这种用以防混叠的模拟滤波器又称为“抗混叠滤波器”。

本实验中采用的抗混叠滤波器是二阶巴特沃斯低通滤波器,其截止频率为

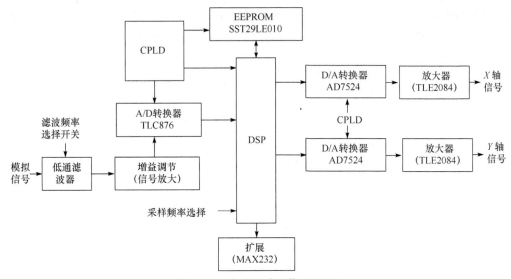

图 2.4.1 实验电路工作原理框图

$$f = \frac{1}{2\pi \sqrt{R_1 R_2 C_1 C_2}} \tag{2.4.1}$$

根据公式分别计算得到截止频率为 1kHz、10kHz、100kHz、1MHz 的低通滤波器系数,然后根据输入信号的频率通过拨码开关选通上述四种截止频率的低通滤波器。

2) 增益调节电路

如图 2.4.3 所示,此电路又称为信号调理电路,每种 A/D 转换器都有其输入的满度电压,如果输入信号的幅度超过了这个范围,就会因为限幅而造成失真;而在满度电压的范围内,大信号的转换精度高,小信号的转换精度低。因此,在 A/D 转换前应先将信号输入至一个信号调理电路,使得输入 A/D 转换器信号既不超过满度电压,又尽可能接近满度,提高转换精度。

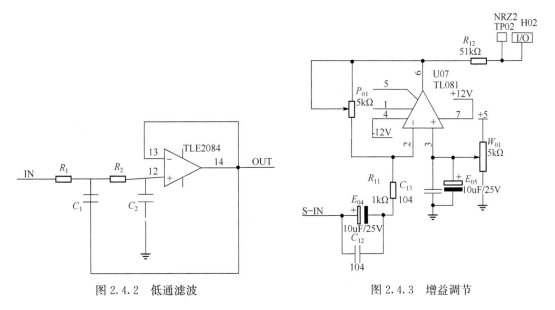

图 2.4.2 低通滤波   图 2.4.3 增益调节

3) A/D 转换器电路

本电路采用的是低功率 10 位 20MSPS 模数转换器 TLC876,在本模块中,将经过低通滤波器和信号增益电路的模拟信号转换成数字信号,电路原理如图 2.4.4 所示。

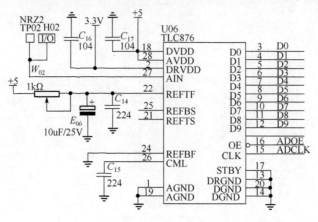

图 2.4.4 A/D 转换

4) D/A 转换器电路

如图 2.4.5 所示,D/A 转换电路是由 AD7524 和运放 TLE2084 构成双极性输出的 D/A 转换电路,通过此电路将 DSP 计算得到的数字信号转换为模拟信号。从 DSP 计算处理得到的 16 位数据,其中高 8 位数据 D8～D15 通过 D/A 转换电路转换为 X 轴的信号并从 X-OUT 输出,低 8 位数据 D0～D7 通过 D/A 转换电路转换为 Y 轴的信号并从 Y-OUT 输出。

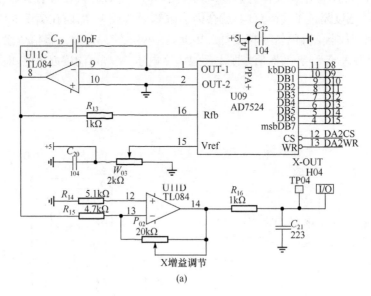

(a)

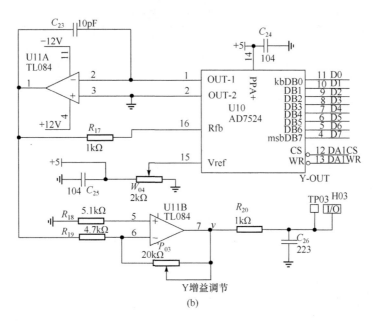

图 2.4.5 D/A 转换

5. 实验步骤及注意事项

（1）将信号源模块和频谱分析模块小心地固定在主机箱上，确保电源接触良好。

（2）插上电源线，打开主机箱右侧的交流开关，再按下信号源模块上的开关 POWER1、POWER2 和频谱分析模块上的开关 POWER1、POWER2，对应的发光二极管 LED01、LED02 发光，各模块开始工作。注意，此处只是验证通电是否成功，在实验中均是先连线，后打开电源做实验，不要带电连线。

（3）用连接线连接信号源模块中信号输出点"32kHz 正弦波"及频谱分析模块中"信号输入点"，调节输入增益调节电位器 P01 调节输入增益，使输入信号的"峰峰值测试点"为 3V 左右。

（4）设置拨码开关 SW01 进行选择低通滤波的通道（拨码开关有 4 位，1000、0100、0010、0001 分别对应最高截止频率为 1kHz、10kHz、100kHz、1MHz 的低通滤波器），此时可拨为 0010。

（5）设置拨码开关 SW02，选择合适的采样频率。拨码开关的状态与其对应的采样频率如表 2.4.1 所示。例如，如果输入 32kHz 正弦信号，根据奈氏定理，采样频率不能低于 64kHz，由表 2.4.1 可查得，应该采用 112kHz 的采样频率，即 SW02 拨码开关应该设置在 0110 状态；如果输入 32kHz 方波，由于其谐波成分比较多，在选择采样频率时，则要根据其 7 次谐波或 9 次谐波（或更高）的频率（分别是 224kHz 和 288kHz）作为采样频率的选择参考频率，由表 2.4.1 可查得，可采用 1120kHz 的采样频率，低通滤波的通道也应相应地选择 1MHz 的通道，即拨码开关 K3 拨为 0001。当然，如果只需观察方波的 3 次谐波而忽略 3 次以后的谐波，则可用 3 次谐波的频率作为采样频率选择的参考频率。

表 2.4.1　拨码开关设置

K2 状态	0000	0001	0010	0011	0100	0101	0110	0111
采样频率 f	4kHz	11.2kHz	18.4kHz	25.6kHz	32.8kHz	40kHz	112kHz	184kHz
K2 状态	1000	1001	1010	1011	1100	1101	1110	1111
采样频率 f	256kHz	328kHz	400kHz	1120kHz	1840kHz	2560kHz	3280kHz	4000kHz

（6）示波器选用 X-Y 模式，分别调节电位器"X 增益调节"（P02），"Y 增益调节"（P03），改变信号输出增益，使示波器上显示的波形清晰且幅度适中，即可进行观察。

（7）改变输入频谱分析模块的模拟信号，重复上述观察。

（8）关闭交流电源开关，取出选用的任意可输出模拟信号的模块固定在主机箱上，将其输出的模拟信号送入频谱分析模块，选择正确的通道，观察输出波形。

（9）实验注意事项。

① 输入单频率成分模拟信号时，应选择大于输入信号频率的最低采样频率的通道，即输入频率为 32kHz 时，应选择 112kHz 通道（将拨码开关 SW02 设置在 0110 状态），而不是选择 184kHz 通道，否则实验结果可能不准确。

② 输入多频率成分的模拟信号（如调幅信号）时，应根据输入信号所包含的频率中的最高频率选择通道，即若输入信号中包含 2kHz、16kHz、32kHz 等频率成分，则应该选择大于最高采样频率成分（64kHz）的最低频率的通道——112kHz 通道。

③ 输入信号峰峰值不得超过 4V（可通过"峰峰值"测试钩进行观察并调节电位器 P01直接达到要求）。

④ 当没有信号显示或显示明显不正常时，按复位键 K01 进行复位。

⑤ 输入信号的最高频率不能高于 1MHz。

6. 实验结果

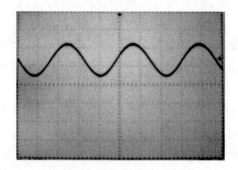 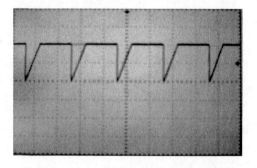

图 2.4.6　NRZ2（峰峰值测试点）输出的正弦波（从信号源测试点 32K 输入 31.25kHz，Vp-p=2V的正弦信号。调节输出正弦波的峰峰值在 3～4V）　　图 2.4.7　X-OUT 测试点 输出的同步信号（从信号源测试点 32K 输入 31.25kHz，Vp-p=2V 的正弦信号，示波器用 YT 模式观察）

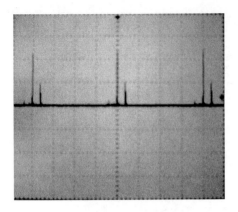
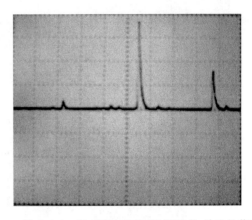

图 2.4.8　Y-OUT 测试点:输出的同步信号
（从信号源测试点 32K 输入 31.25kHz,Vp-p=
2V 的正弦信号,示波器用 YT 模式观察）

图 2.4.9　X-OUT、Y-OUT 测试点:输出的信号
（从信号源测试点 32K 输入 31.25kHz,Vp-p=
2V 的正弦信号,示波器用 XY 双踪模式观察）

7. 思考题及参考答案

（1）什么是频谱分析?

答　将信号源发出的信号强度按频率顺序展开,使其成为频率的函数,并考察变化规律,称为频谱分析。工程上,就是对信号进行快速傅里叶变换（FFT）,将时域波形变成频谱,从频率的幅值和相位反映信号的特征。

（2）什么是 DSP 微处理器?

答　DSP（Digital Signal Processor）微处理器是一种独特的微处理器,是以数字信号来处理大量信息的器件。其工作原理是接收模拟信号,转换为 0 或 1 的数字信号,再对数字信号进行修改、删除、强化,并在其他系统芯片中把数字数据解译回模拟数据或实际环境格式。它不仅具有可编程性,而且其实时运行速度可达每秒数以千万条复杂指令程序,远远超过通用微处理器,是数字化电子世界中日益重要的电脑芯片。它强大的数据处理能力和高运行速度,是最值得称道的两大特色。

（3）在模拟信号进行 A/D 转换前为什么要对该信号进行增益调节?

答　每种 A/D 转换器都有其输入的满度电压,如果输入信号的幅度超过了这个范围,就会因为限幅而造成失真;而在满度电压的范围内,大信号的转换精度高,小信号的转换精度低。因此,在 A/D 转换前应先将信号输入一个信号调理电路,使得输入 A/D 转换器信号既不超过满度电压,又尽可能接近满度,提高转换精度。

8. 频谱分析模块中的主要元器件

1）可编程逻辑器件 CPLD:ALTERA MAX EPM7128SLC84-15

可编程逻辑器件 CPLD,同实验 2。

2）数字信号处理芯片 DSP:TMS320VC5402

TMS320VC5402 是 C5000 系列中性价比较高的一个芯片。独特的 6 总线哈佛结构,使其能够 6 条流水线同时工作,工作频率达到 100MHz。VC5402 除了使用 VC54x 系列中常

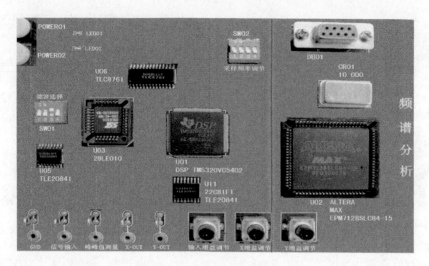

图 2.4.10　频谱分析模块简图

用的通用 I/O 口(General Purpose I/O,GPIO)外,还为用户提供了多个可选的 GPIO:HPI-8 和 McBSP。

TMS320VC5402 是 TI 公司近年推出的性价比较高的定点数字信号处理器,其主要特点如下。

(1) 操作速率达 100MI/s。

(2) 具有先进的多总线结构(1 条程序总线、3 条数据总线和 4 条地址总线)。

(3) 40 位算术逻辑运算单元(ALU),包括 1 个 40 位桶形移位寄存器和两个独立的 40 位累加器。

(4) 17 位并行乘法器与 40 位专用加法器相连,用于非流水式单周期乘法/累加(MAC)运算。

(5) 双地址生成器,包括 8 个辅助寄存器和两个辅助寄存器算术运算单元(ARAU)。

(6) 数据/程序寻址空间 1M/16bit,内存 4K 16bitROM 和 16K 16bit 双存取 RAM。

(7) 内置可编程等待状态发生器、锁相环(PLL)时钟发生器、两个多通道缓冲串行口、1 个 8 位并行与外部处理器通信的 HPI 口、两个 16 位定时器以及 6 通道 DMA 控制器。

(8) 低功耗,工作电源 3.3V 和 1.8V(内核)。

3) 29LE010

29LE010 是 128K×8BIT EEPROM。

4) TLC876　A/D 转换器

(1) 引脚排列图如图 2.4.11 所示。

(2) 引脚功能如表 2.4.2 所示。

图 2.4.11　TLC876 引脚排列图

表 2.4.2　TLC876 引脚功能

TERMINAL		I/O	DESCRIPTION
NAME	NO.		
AGND	1.19		Analog ground
AIN	27	I	Analog input
AV$_{DD}$	28		5-V analog supply
CLK	15	I	Clock input
CML	26	O	Bypass for an internal bias point Typically a 0.1μF capacitor minimum is connected from this terminal to ground
DGND	14.20		Digital ground
DV$_{DD}$	18		5-V digital supply
DRV$_{DD}$	2		3.3-V/5-V digital supply. Supply for digital input and output buffers
DRGND	13		3.3-V/5-V digital ground. Ground for digital input and output buffers
DD-D9	3—12	O	Digital data out. D0:LSB,D9:MSB
$\overline{OE}$	16	I	Output enable. When $\overline{OE}$=low or NC, the devices is in normal operating mode. When $\overline{OE}$=high,D0-D9 are high impedance
REFBF	24	I	Reference bottom force
REFBS	25	I	Reference bottom sense
REFTF	22	I	Reference top force
REFTS	21	I	Reference top sense
STBY	17	I	Standby enable. When STBY=low or NC,the device is in normal operating mode. When STBY=high,the device is in standby mode

5) AD7524　D/A 转换器

(1) 引脚排列图如图 2.4.12 所示。

(2) 引脚功能。

① DB$_0$～DB$_7$:10 位数据输入端,D$_0$ 为低位,D$_9$ 为高位。

② $\overline{CS}$:片选信号输入端,低电平有效。

③ $\overline{WR}$:写选通信号输入端,低电平有效。

④ V$_{DD}$:电源输入端,范围为+5～+15V。

⑤ GND:接地端。

⑥ V$_{REF}$:D/A 转换器的基准电压输入端,范围为 -10～$+10$V。

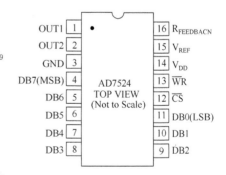

图 2.4.12　AD7524 引脚排列图

⑦ R$_{FB}$:反馈信号输入端,可外接反馈电阻,使运算放大器输出电压满足大小要求。

⑧ OUT$_1$:D/A 转换器的电流输出端,当数据输入全"1"时为最大。

⑨ OUT$_2$:D/A 转换器的电流输出端,其值和 OUT$_1$ 值之和为一个常数。

第3章 模拟信号数字化

信号分模拟信号和数字信号两大类。模拟信号在时间上和幅度上都是连续的,可以取无穷多个不同的值,它可准确地表示信号电平,如话筒输出的电流(或电压)信号就是人们说话发出声波的真实模拟。数字信号与模拟信号不同,它是一种在时间上和幅度上都离散的信号,有有限多个值,离散并且近似地表示信息,如开关的通或断,信号的有或无等这些可以用0或1来表示的数字信号。

3.1 概　　述

通常所说的模拟信号数字化是指将模拟的话音信号数字化、将数字化的话音信号进行传输和交换的技术。这一过程涉及数字通信系统中的两个基本组成部分:一个是发送端的信源编码器,它将信源的模拟信号变换为数字信号,即完成模拟/数字变换;另一个是接收端的译码器(也叫解码器),它将数字信号恢复成模拟信号,即完成数字/模拟变换,将模拟信号发送给信宿。

1) A/D 变换(Analog to Digital)

模拟信号的数字化过程主要包括三个步骤:抽样、量化和编码。抽样是指用每隔一定时间的信号样值序列来代替原来在时间上连续的信号,也就是在时间上将模拟信号离散化。量化是用有限个幅度值近似原来连续变化的幅度值,把模拟信号的连续幅度变为有限数量的有一定间隔的离散值。编码则是按照一定的规律,把量化后的值用二进制数字表示,然后转换成二进制或多进制的数字信号流。这样得到的数字信号可以通过光纤、微波干线、卫星信道等数字线路传输。上述数字化的过程有时也称为脉冲编码调制。

(1) 抽样。

要使话音信号数字化并实现时分多路复用,首先要在时间上对话音信号进行离散化处理,这一过程就是抽样。话音通信中的抽样就是每隔一定的时间间隔 T,抽取话音信号的一个瞬时幅度值(抽样值),抽样后所得出的一系列在时间上离散的抽样值称为样值序列,如图 3.1.1 所示。抽样后的样值序列在时间上是离散的,可进行时分多路复用处理,也可将各个抽样值经过量化、编码后变换成二进制数字信号。理论和实践证明,只要抽样脉冲的间隔满足

$$T \leqslant \frac{1}{2f_m} \quad \text{或} \quad f_s \geqslant 2f_m, f_m \text{是话音信号的最高频率}$$

则抽样后的样值序列可以不失真地还原成原来的话音信号。

例如,一路电话信号的频带为 300~3400Hz,$f_m=3400$Hz,则抽样频率 $f_s \geqslant 2 \times 3400 = 6800$(Hz)。如果按 6800Hz 的抽样频率对 300~3400Hz 的电话信号抽样,则抽样后的样值序列可不失真地还原成原来的话音信号,话音信号的抽样频率通常取 $f_s=8000$Hz。对于 PAL 制电视信号,视频带宽为 6MHz,按照 CCIR601 建议,抽样频率为 13.5MHz。

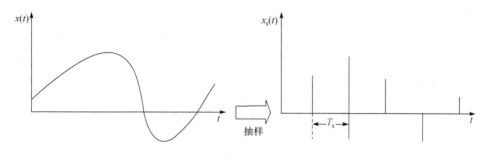

图 3.1.1 模拟信号的抽样过程

（2）量化。

抽样把模拟信号变成了时间上离散的脉冲信号，但脉冲的幅度仍然是连续的，还必须进行离散化处理，才能最终用离散的数值来表示。这就要对幅值进行舍零取整的处理，这个过程称为量化。量化有两种方式，如图 3.1.2 所示。图 3.1.2 中（a）所示的量化方式，取整时只舍不入，即 0～1V 的所有输入电压都输出 0V，1～2V 的所有输入电压都输出 1V 等。采用这种量化方式，输入电压总是大于输出电压，因此产生的量化误差总是正的，最大量化误差等于两个相邻量化级的间隔 Δ。图 3.1.2 中（b）所示的量化方式在取整时有舍有入，即 0～0.5V 的输入电压都输出 0V，0.5～1.5V 的输出电压都输出 1V 等；采用这种量化方式量化误差有正有负，量化误差的绝对值最大为 Δ/2；因此，采用有舍有入法进行量化，误差较小。

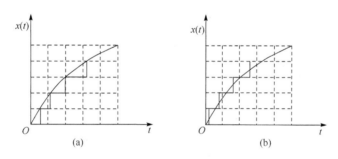

图 3.1.2 模拟信号的量化过程

实际信号可以看成量化输出信号与量化误差之和，因此只用量化输出信号来代替原信号就会有失真。一般来说，可以把量化误差的幅度概率分布看成在 −Δ/2～+Δ/2 范围内的均匀分布。可以证明，量化失真功率与最小量化间隔的平方成正比。最小量化间隔越小，失真就越小；而最小量化间隔越小，用来表示一定幅度的模拟信号时所需要的量化级数就越多，因此处理和传输就越复杂。所以，量化既要尽量减少量化级数，又要使量化失真尽量小。一般都用一个二进制数来表示某一量化级数，经过传输在接收端再按照这个二进制数来恢复原信号的幅值。量化比特数是指要区分所有量化等级所需二进制数的位数。例如，有 8个量化等级，那么可用 3 位二进制数来区分。因为，称 8 个量化等级的量化为 3bit 量化。8bit 量化则是指共有 256 个量化等级的量化。

量化误差与噪声是有本质的区别的。因为任一时刻的量化误差可以从输入信号求出，而噪声与信号之间就没有这种关系。可以证明，量化误差是高阶非线性失真的产物。但量化失真在信号中的表现类似于噪声，也有很宽的频谱，所以也称为量化噪声并采用信噪比来衡量。

上面所述的采用均匀间隔量化级进行量化的方法称为均匀量化或线性量化,这种量化方式会造成大信号时信噪比有余而小信号时信噪比不足的缺点。如果使小信号时量化级间宽度小些,而大信号时量化级间宽度大些,就可以使小信号时和大信号时的信噪比趋于一致。这种非均匀量化等级的安排称为非均匀量化或非线性量化。实际的通信系统大多采用非均匀量化方式。

目前,实现对于音频信号的非均匀量化采用压缩、扩张的方法,即在发送端对输入的信号进行压缩处理,再进行均匀量化,在接收端再进行相应的扩张处理。目前国际上普遍采用容易实现的 A 律 13 折线压扩特性和 μ 律 15 折线的压扩特性。我国规定采用 A 律 13 折线压扩特性。采用 13 折线压扩特性后,小信号量化信噪比的改善量最大可达 24dB,这是靠牺牲大信号量化信噪比(损失约 12dB)换来的。

(3) 编码。

抽样、量化后的信号还不是数字信号,需要把它转换成数字编码脉冲,这一过程称为编码。最简单的编码方式是二进制编码。具体来说,就是用 $n$bit 二进制码来表示已经量化了的抽样值,每个二进制数对应一个量化值,然后把它们排列,得到由二值脉冲组成的数字信息流。用这样的方式组成的脉冲串的频率等于抽样频率与量化比特数的乘积,称为所传输数字信号的码速率。显然,抽样频率越高、量化比特数越大,码速率就越高,所需要的传输带宽也就越宽。除了上述的自然二进制编码,还有其他形式的二进制编码,如格雷码和折叠二进制码等。

2) D/A 变换

在接收端则与上述模拟信号数字化过程相反。首先经过解码过程,所收到的信息重新组成原来的样值,再经过低通滤波器恢复成原来的模拟信号。

3.2　PAM　原　理

通常人们谈论的调制技术是采用连续振荡波形(正弦型信号)作为载波的,然而,正弦型信号并非是唯一的载波形式。在时间上离散的脉冲串,同样可以作为载波,这时的调制是用基带信号改变脉冲的某些参数而达到的,人们常把这种调制称为脉冲调制。通常,按基带信号改变脉冲参数(幅度、宽度、时间位置)的不同,把脉冲调制分为脉幅调制(Pulse Amplitude Modulation,PAM)、脉宽调制(Pulse Width Modulation,PWM)和脉位调制(PPM)等。

脉冲振幅调制,就是脉冲载波的幅度随基带信号变化的一种调制方式。如果脉冲载波是由冲激脉冲组成的,则前面所说的抽样定理,就是脉冲振幅调制的原理。但是,实际上真正的冲激脉冲串是不可能实现的,而通常只能采用窄脉冲串来实现,因此,研究窄脉冲作为脉冲载波的 PAM 方式将更加具有实际意义。

设脉冲载波为 $s(t)$,它由脉宽为 τs、重复周期为 T_ss 的矩形脉冲串组成。信号产生的过程如图 3.2.1(a)所示,基带信号的波形及频谱如图 3.2.1(b)所示;脉冲载波的波形及频谱如图 3.2.1(c)所示;已抽样的信号波形及频谱如图 3.2.1(d)所示。

比较采用矩形窄脉冲进行抽样与采用冲激脉冲进行抽样(理想抽样)的过程和结果,可以得到以下结论。

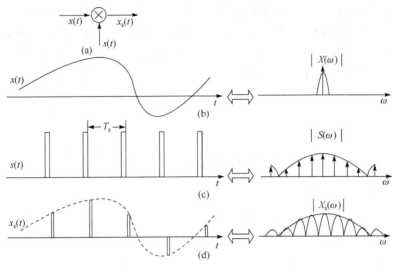

图 3.2.1　PAM 脉冲幅度调制

（1）它们的调制（抽样）与解调（信号恢复）过程完全相同，差别只是采用的抽样信号不同。

（2）矩形窄脉冲抽样的包络的总趋势是随上升而下降，因此带宽是有限的；而理想抽样的带宽是无限的。矩形窄脉冲的包络总趋势按 Sa 函数曲线下降，带宽与 τ 有关。τ 越大，带宽越小；τ 越小，带宽越大。

（3）τ 的大小要兼顾通信中对带宽和脉冲宽度这两个互相矛盾的要求。通信中一般对信号带宽的要求是越小越好，因此要求 τ 大；但通信中为了增加时分复用的路数要求 τ 小，显然二者是矛盾的。

3.3　PCM　原　理

脉冲编码调制（Pulse Code Modulation，PCM），是对连续变化的模拟信号进行抽样、量化和编码产生的数字信号。PCM 的优点是音质好，缺点是体积大。PCM 可以提供用户从 2M 到 155M 速率的数字数据专线业务，也可以提供话音、图像传送、远程教学等其他业务。PCM 有两个标准（表现形式）E_1 和 T_1。

脉冲编码调制是一种对模拟信号数字化的取样技术，将模拟语音信号变换为数字信号的编码方式，特别是对于音频信号。PCM 对信号每秒钟取样 8000 次；每次取样为 8 位，总共 64Kbit。取样等级的编码有两种标准，北美洲及日本使用 μ-Law 标准，而其他大多数国家使用 A-Law 标准。

脉冲编码调制主要经过 3 个过程：抽样、量化和编码。抽样过程将连续时间模拟信号变为离散时间、连续幅度的抽样信号，量化过程将抽样信号变为离散时间、离散幅度的数字信号，编码过程将量化后的信号编码成为一个二进制码组输出。然而，实际上量化是在编码过程中同时完成的，所以编码过程也称为模/数变换，可记为 A/D。

话音信号先经防混叠低通滤波器，进行脉冲抽样，变成 8kHz 重复频率的抽样信号（离散的 PAM 信号),然后将幅度连续的 PAM 信号用"四舍五入"办法量化为有限个幅度取值的信号,再经编码后转换成二进制码。对于电话,CCITT 规定抽样率为 8kHz,每抽样值编 8 位码,即共有 $2^8 = 256$ 个量化值,因而每话路 PCM 编码后的标准数码率是 64Kbit/s。为解决均匀量化时小信号量化误差大,音质差的问题,在实际中采用不均匀选取量化间隔的非线性量化方法,即量化特性在小信号时分层密,量化间隔小,而在大信号时分层疏,量化间隔大。

3.4 实验 4 脉冲幅度调制与解调

1. 实验要求

(1) 理解脉冲幅度调制的原理和特点。
(2) 了解脉冲幅度调制波形的频谱特性。
(3) 理解抽样定理的定义。

2. 实验内容

(1) 观察基带信号、脉冲幅度调制信号、抽样时钟的波形,并注意观察它们之间的相互关系及特点。
(2) 改变基带信号或抽样时钟的频率,多次观察波形。
(3) 观察脉冲幅度调制波形的频谱。

3. 实验仪器

(1) 信号源模块 1 块。
(2) PAM/AM 模块 1 块。
(3) 终端模块(可选)1 块。
(4) 频谱分析模块 1 块。
(5) 20M 双踪示波器 1 台。
(6) 立体声耳机 1 副。
(7) 连接线若干。

4. 实验原理

1) PAM 电路

从 PAM 音频输入端口输入的是 2kHz 的正弦波,通过隔直电容 C_{05} 去掉模拟信号的直流电平,然后通过射随电路提高带负载能力,输入到模拟开关 74HC4066,由于实际上理想的冲激脉冲串物理实现困难,这里采用窄脉冲代替(频率为 64kHz 的方波)从 PAM 时钟输入端口输入,当方波为高电平时,模拟开关导通正弦波通过并从调制端口输出;当方波为低电平时,模拟开关截止正弦波不能通过,无波形输出。

2) PAM 解调电路

若要解调出原始语音信号即 2kHz 的正弦波,则将该调制信号通过截止频率为 4kHz 的低通滤波器,因为抽样脉冲的频率 64kHz 远高于频率为 2kHz 的输入信号,则通过低通

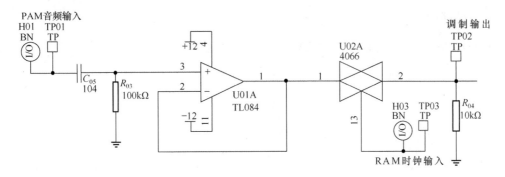

图 3.4.1　PAM 电路

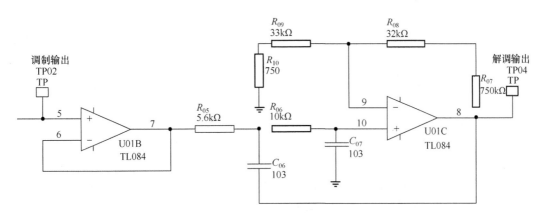

图 3.4.2　PAM 解调电路

滤波器之后高频的抽样信号被滤除。PAM 信号先经过射随电路提高带负载能力,然后通过二阶的低通滤波电路将其滤除。

5. 实验步骤

(1) 将信号源模块、PAM/AM 模块、频谱分析模块小心地固定在主机箱中,确保电源接触良好。

(2) 插上电源线,打开主机箱右侧的交流开关,再分别按下三个模块中的开关 POW-ER1、POWER2,各个模块对应的发光二极管 LED01、LED02 发光,按一下信号源模块的复位键,三个模块均开始工作。注意,此处只是验证通电是否成功,在实验中均是先连线,后打开电源做实验,不要带电连线。

(3) 将信号源模块产生的 2kHz(峰-峰值在 2V 左右,从信号输出点"模拟输出"输出)的正弦波送入 PAM/AM 模块的信号输入点"PAM 音频输入",将信号源模块产生的 62.5kHz的方波(从信号输出点 64K 输出)送入 PAM/AM 模块的信号输入点"PAM 时钟输入",观察"调制输出"和"解调输出"测试点输出的波形,实验结果如图 3.4.3 和图 3.4.4 所示

(4) 将"PAM 音频输入"和"调制输出"测试点输出的波形分别送入频谱分析模块,观察其频谱并比较之。

6. 实验结果

PAM 音频输入:2kHz ,Vp-p＝2V　　　　PAM 时钟输入:信号源输出的 62.5kHz 方波

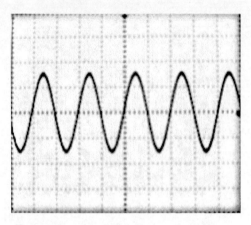 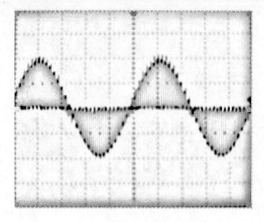

图 3.4.3　调制输出测试点输出的波形　　　图 3.4.4　解调输出测试点输出正弦波

7. 思考题及参考答案

(1) 描述抽样定理。

答　可参考任何通信原理教材,此不详述。

(2) 在抽样之后,调制波形中包不包含直流分量,为什么?

答　应不包含直流分量,抽样过程实际是相乘的过程,得到的仍然是交流信号,经过调制后仍不包含直流分量。

(3) 造成系统失真的原因有哪些?

答　可参考陈国通主编的《数字通信》,哈尔滨工业大学出版社,第 28 页 2.3 节(抽样误差的分析)。造成系统失真的原因主要为:发送端的非理想抽样和接收端低通滤波的非理想所带来的误差。

(4) 为什么采用低通滤波器就可以完成 PAM 解调?

答　可参考樊昌信编写的《通信原理》教材,第 4 版,国防工业出版社,第 193 页 7.3 节(脉冲振幅调制)。注意一点,只有自然抽样才可以直接用低通滤波器解调,自然抽样后包含原始信号频谱,但对于平顶抽样需在接收端低通滤波之前用特性为 $1/H(\omega)$ 的网络加以修正。

(5) 已抽样信号的频谱混叠是什么原因引起的? 若要求从已抽样信号 $m_s(t)$ 中正确恢复出原信号 $m(t)$,抽样速率 f_s 应满足什么条件? ($m(t)$ 信号是低通型连续信号)

答　因为已抽样信号 $m_s(t)$ 的频谱 $M_s(\omega)$ 是无穷多个间隔为 ω_s 的 $M(\omega)$ 相迭加而成的。因此,若抽样间隔 T 变得大于 $1/2f_H$,则 $M(\omega)$ 和 $\delta_T(\omega)$ 的卷积在相邻的周期内存在重叠(也称混迭);若要求从已抽样信号 $m_s(t)$ 中正确恢复出原信号 $m(t)$,则抽样速率 f_s 应满足 $f_s \geqslant 2f_H$。

(6) 什么是低通型抽样定理? 什么是带通型信号的抽样定理?

答　低通型抽样定理是若一个连续模拟信号 $m(t)$ 的最高频率小于 f_H,则以间隔时间

为 $T \leqslant 1/2f_H$ 的周期性脉冲对其抽样时，$m(t)$ 将被这些抽样值完全确定；带通型抽样定理是若一个连续模拟信号 $m(t)$ 的最高频率为 f_H，最低频率为 f_L，带宽为 B，则以频率大于 $2B$ 的周期性脉冲对其抽样时，$m(t)$ 将被这些抽样值完全确定。且当原信号的最高频率是带宽的整数倍时，只要求其抽样频率 $f_s = 2B$，即只要求抽样频率等于带通信号带宽的两倍。

（7）实验采用的是什么抽样方式？为什么？

答　实验采用的是自然抽样，自然抽样时，抽样过程实际是相乘的过程。实际应用中，平顶抽样是采用抽样保持电路实现的。

（8）本实验的抽样形式同理想抽样有何区别？试将理论和实验相结合加以分析。

答　可参考曹志刚编写的《现代通信原理》，清华大学出版社，第 110 页 5.3 节实际抽样。

8. 扩展实验

将单放机（或音频信号发生器）输出的信号经终端模块放大之后送入 PAM/AM 模块的信号输入点"PAM 音频输入"，引入适当时钟信号（从"PAM 时钟输入"点输入），将 PAM/AM 模块中"解调输出"测试点输出的波形引入终端模块，用耳机听还原出来的声音，与单放机直接输出的声音比较，判断该通信系统性能的优劣。

9. AM/PM 模块中的主要元器件

AM/PM 模块主要元器件如图 3.4.5 所示。

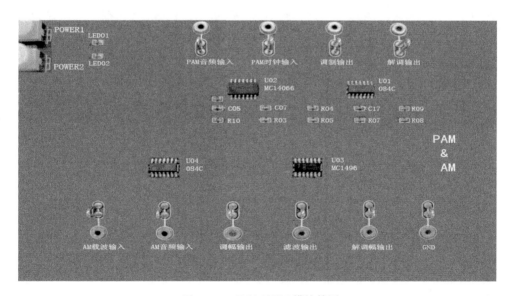

图 3.4.5　PAM/AM 模块简图

1）模拟乘法器：MC14066B

MC14066 是四模拟开关/四复用器，其介绍如下。

（1）引脚排列图如图 3.4.6 所示。

（2）内部电路图如图 3.4.7 所示。

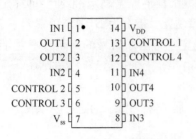

图 3.4.6　MC14066 的引脚排列图

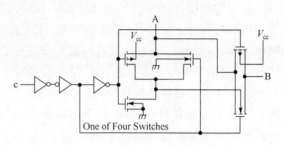

图 3.4.7　MC14066 的内部结构图

2) MC1496

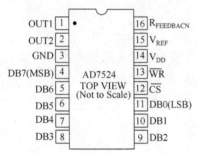

图 3.4.8　MC1496 内部电路和引脚

1：SIG＋信号输入正端；2：GADJ 增益调节端；3：GADJ 增益调节端；4：SIG－信号输入负端；5：BIAS 偏置端；6：OUT＋正电流输出端；7：NC 空脚；8：CAR＋载波信号输入正端；9：NC 空脚；10：CAR－载波信号输入负端；11：NC 空脚；12：OUT－负电流输出端；13：NC 空脚

MC1496 是集成模拟乘法器，完成两个模拟量（电压或电流）相乘的电子器件，为 14 脚双列直插式塑料封装。在高频电子线路中，振幅调制、同步检波等调制与解调的过程，均可视为两个信号相乘的过程。所以 MC1496 在本实验中用于信号的调制与解调。

MC1496 是目前常用的平衡调制/解调器。它的典型应用包括乘、除、平方、开方、倍频、调制、混频、检波、鉴相、鉴频、动态增益控制等。它的内部电路含有 8 个有源晶体管，有两个输入端 V_x、V_y 和一个输出端 V_o。

MC1496 是双平衡四象限模拟乘法器，其内部电路和引脚如图 3.4.8 所示。

3) 084C

084C 为集成运算放大器 IC。

3.5　实验 5　脉冲编码调制与解调

1. 实验目的

(1) 掌握脉冲编码调制与解调的基本原理。

(2) 定量分析并掌握模拟信号按照 13 折线 A 律特性编成八位码的方法。

(3) 通过了解大规模集成电路 TP3067 的功能与使用方法，进一步掌握 PCM 通信系统的工作流程。

2. 实验内容

(1) 观察脉冲编码调制与解调的整个变换过程，分析 PCM 信号与基带模拟信号之间的关系，掌握其基本原理。

(2) 定量分析不同幅度的基带模拟正弦信号按照 13 折线 A 律特性编成的八位码，并掌握该编码方法。

3. 实验仪器

(1) 信号源模块 1 块。

(2) 模拟信号数字化模块 1 块。

(3) 20M 双踪示波器 1 台。

(4) 连接线若干。

4. 实验原理

脉冲编码调制与解调通信系统的原理如图 3.5.1 所示。

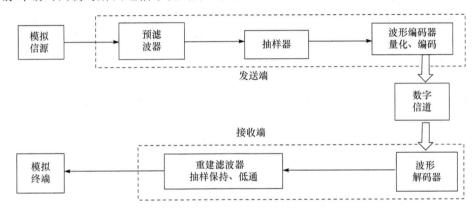

图 3.5.1　脉冲编码调制与解调

本实验模块采用大规模集成电路 TP3067 对语音模拟信号进行 PCM 编解码。TP3067 在一个芯片内部集成了编码电路和译码电路,是一个单路编译码器。其编码速率为 2.048MHz,每一帧 8 位数据,采用 8kHz 帧同步信号。模拟信号在编码电路中,经过抽样、量化、编码,最后得到 PCM 编码信号。在单路编译码器中,经变换后的 PCM 码是在一个时隙中被发送出去的,在其他的时隙中编译码器是没有输出的,即对一个单路编译码器来说,它在一个 PCM 帧(32 个时隙)里,只在一个特定的时隙中发送编码信号。同样,译码电路也只是在一个特定的时隙(此时隙应与发送码数据的时隙相同,否则接收不到 PCM 编码信号)里才从外部接收 PCM 编码信号,然后再译码输出。

PCM 语音编码芯片 TP3067 的详细资料具体见附录中内容。

5. 实验步骤

(1) 将信号源模块、模拟信号数字化模块小心地固定在主机箱中,确保电源接触良好。

(2) 插上电源线,打开主机箱右侧的交流开关,再分别按下两个模块中的相应开关 POWER1、POWER2,对应的发光二极管 LED01、LED02 发光,按一下信号源模块的复位键,两个模块均开始工作。注意,此处只是验证通电是否成功,在实验中均是先连线,后打开电源做实验,不要带电连线。

(3) 对任意频率、幅度的模拟正弦信号脉冲编码调制与解调实验。

① 将信号源模块中 BCD 码分频值(拨码开关 SW04、SW05)设置为 0000000 和

0000001(分频后 BS 端输出频率就是基频 2.048MHz),模拟信号数字化模块中拨码开关 S1 设置为 0000,"编码幅度"电位器逆时针旋转到顶。

② 信号源模块产生一个频率为 2kHz,峰-峰值约为 2V 的正弦模拟信号,由"模拟输出"端送入模拟信号数字化模块的 S-IN 端,再分别连接信号源模块的信号输出端 64K、8K、BS 与模拟信号数字化模块的信号输入端 CLKB-IN、FRAMEB-IN、2048K-IN。开电,观察 PC-MB-OUT 端 PCM 编码,如图 3.5.2 所示。因为是对随机信号进行编码,所以建议使用数字存储示波器观察。

③ 断电,分别连接模拟信号数字化模块上编译码时钟信号 CLKB-IN 和 CLK2-IN,帧同步信号 FRAMEB-IN 和 FRAME2-IN,PCM 编译码信号输出点 PCMB-OUT 和信号输入点 PCM2-IN。开电,观察并比较基带模拟信号 S-IN 和解调信号 JPCM,如图 3.5.3 所示。

④ 改变正弦模拟信号的幅度及频率,观察 PCM 编码信号和解调信号随之的波形变化情况,同时注意观察满载和过载时的脉冲幅度和解调信号波形,超过音频信号频带范围时的解调信号波形。可观察到,当输入正弦波信号幅度大于 5V 时,解调信号中带有明显的噪声;当输入正弦波的频率大于 3400Hz 或小于 300Hz 时,因为 TP3067 集成芯片主要针对音频信号,芯片内部输入端有一个带通滤波器滤除带外信号,所以解调信号的幅度将逐渐减小为零。

(4) 用模拟示波器定量观察 PCM 八位编码实验。

注:该模块电路使用同一时钟源产生所有的时钟信号及频率固定、幅度可调的基带信号,故而可用模拟示波器同步观察 PCM 编译码过程。

① 断电,拆除所有信号连线,将拨码开关 S1 设置为 1111。

② 开电,观察 2kHz 基带信号 S-IN2、8kHz 帧同步信号 FRAMEB-IN、64kHz 编码时钟信号 CLKB-IN 与 PCM 编码信号 PCMB-OUT 的波形。这里建议用 8kHz 帧同步信号与 PCM 编码信号同时观察,每四帧为一个周期编码。调节"编码幅度"电位器,分析 PCM 八位编码中极性码、段落码与段内码的码型随基带信号幅值大小变化而变化的情况,如图 3.5.4 所示。

③ 断电,分别连接信号点 CLKB-IN 和 CLK2-IN,FRAMEB-IN 和 FRAME2-IN,PC-MB-OUT 和 PCM2-IN。开电,观察并比较基带模拟信号 S-IN2 和解调信号 JPCM,如图 3.5.5 所示。

注:实验完后务必将拨码开关 S1 重新设置为 0000。

6. 实验结果

(1) 对任意频率、幅度的模拟正弦信号脉冲编码调制与解调实验。

PCM 输入信号如下。

S-IN:2kHz,峰-峰值为 2V 的正弦波。

CLKB-IN:信号源输出点 64K 输出的 62.5kHz 方波。

FRAMEB-IN:信号源输出点 8K 输出的 7.8125kHz 方波。

2048K-IN:信号源输出点 BS 输出的 2MHz 方波。

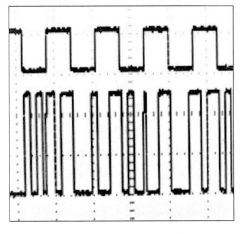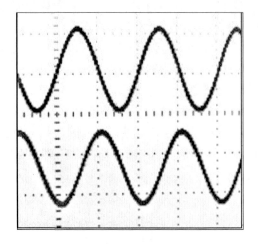

图 3.5.2　上路帧同步信号(FRAMEB-IN)与　　　图 3.5.3　上路基带模拟信号(S-IN)与
下路 PCM 编码信号(PCMB-OUT)波形　　　　　下路 PCM 解调信号(JPCM)波形

（2）用模拟示波器定量观察 PCM 八位编码实验。

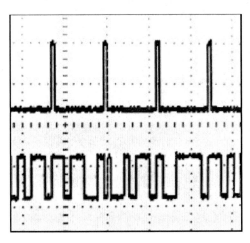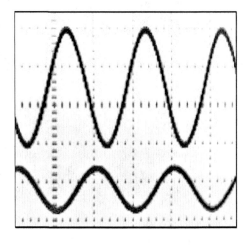

图 3.5.4　上路帧同步信号(FRAMEB-IN)与　　　图 3.5.5　上路基带模拟信号(S-IN2)
下路 PCM 编码信号(PCMB-OUT)波形　　　　　与下路 PCM 解调信号(JPCM)波形

7. 思考题及参考答案

（1）TP3067 PCM 编码器输出的 PCM 码的速率是多少？在本实验中，为什么要给
TP3067 提供 2.048MHz 的时钟？

答　TP3067 PCM 编码器输出的 PCM 码的速率是 64kbit/s，属于国际标准。

由 PCM 帧结构知，1 帧共有 32 路时隙，每路时隙 8bit，每秒有 8000 帧，故 30/32 路
PCM 基群的码率为 $8000 \times 32 \times 8 = 2.048$Mbit/s，即 TP3067 提供的 PCM 编译码电路的时
钟频率。

（2）在脉码调制中，选用折叠二进制码为什么比选用自然二进制码好？

答　采用折叠二进制码可以大为简化编码的过程，而且在传输过程中如果出现误码，对

小信号的影响较小,有利于减小平均量化噪声。具体分析可参见国防工业出版社《通信原理》,第 5 版,207~208 页内容。

（3）脉冲编码调制系统的输出信噪比与哪些因素有关？

答　均匀量化器的输出信号量噪比为 $S/N_q=M^2$。对于 PCM 系统,解码器中具有这个信号量噪比的信号还要通过低通滤波器。用 N 位二进制码进行编码时,上式可写为 $S/N_q=2^{2N}$。这表明,PCM 系统的输出信号量噪比仅和编码位数 N 有关,且随 N 按指数规律增大。对于一个频带限制在 f_H 的低通信号,按抽样定理,有 $S/N_q=2^{2(B/f_H)}$,即 PCM 系统的输出信号量噪比随系统的带宽 B 按指数规律增长。

8. 模拟信号数字化模块中的主要元器件

模拟信号数字化模块的主要元器件如图 3.5.6 所示。

图 3.5.6　模拟信号数字化模块简图

1）PCM 编解码器：TP3067

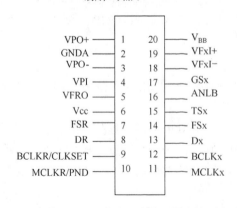

图 3.5.7　TP3067 外部引脚图

TP3067 芯片作为 PCM 编解码器,它把编解码器(Codec)和滤波器(Filter)集成在一个芯片上,共有 20 个引脚,如图 3.5.7 所示。

（1）引脚图。

（2）TP3067 芯片引脚功能介绍如下。

① VPO＋:接收功率放大器的非倒相输出端。

② GNDA:模拟地端,所有信号均以该引脚为参考点。

③ VPO－:接收功率放大器的倒相输出端。

④ VPI:接收功率放大器的倒相输入端。

⑤ VFRO:接收滤波器的模拟输出端。

⑥ Vcc：正电源引脚，Vcc＝＋5V±5%。

⑦ FSR：接收帧同步脉冲，它启动 BCLKR，于是 PCM 数据移入 DR，FSR 为 8kHz 脉冲序列。

⑧ DR：接收数据帧输入。PCM 数据随着 FSR 前沿移入 DR。

⑨ BCLKR/CLKSET：在 FSR 的前沿把数据移入 DR 的位时钟，其频率可以从 64kHz～2.048MHz；另一方面它也可能是一个逻辑输入，以此为在同步模式中的主时钟选择频率 1.536MHz/1.544MHz 或 2.048MHz，BCLKR 用在发送和接收两个方向。

⑩ MCLKR/PDN：接收主时钟，其频率可以为 1.536MHz、1.544MHz 或 2.048MHz，它允许与 MCLKx 异步，但为了取得最佳性能应当与 MCLKx 同步，当 MCLKR 连续工作在低电位时，MCLKx 被选用为所有内部定时，当 MCLKR 连续工作在高电位时，器件就处于掉电模式。

⑪ MCLKx：发送主时钟，其频率可以是 1.536MHz、1.544MHz 或 2.048MHz，它允许与 MCLKR 异步，同步工作能实现最佳性能。

⑫ BCLKx：把 PCM 数据从 Dx 上移出的位时钟，其频率可以从 64kHz～2.048MHz，但必须与 MCLKx 同步。

⑬ Dx：由 FSx 启动的三态 PCM 数据输出。

⑭ FSx：发送帧同步脉冲输入，它启动 BCLKx，并使 Dx 上 PCM 数据移出 Dx。

⑮ TSx：开漏输出，在编码器时隙内为低电平脉冲。

⑯ ANLB：模拟环路控制输入，在正常工作时必须置为逻辑 0，当拉到逻辑 1 时，发送滤波器和发送前置放大器输出的连接线被断开，而改为和接收功率放大器的 VPO＋输出连接。

⑰ GSx：发送输入放大器的模拟输出，用来在外部调节增益。

⑱ VFxI－：发送输入放大器的倒相输入端。

⑲ VFxI＋：发送输入放大器的非倒相输入端。

⑳ V_{BB}：负电源引脚，$V_{BB}=-5V±5\%$。

（3）TP3067 芯片功能说明。

该芯片的编译码器的功能比较强，它既可以进行 A 律变换，也可以进行 μ 律变换，它的数据既可用固定速率传送，也可用变速率传送，它既可以传输信令帧，也可以选择它传送无信令帧，并且还可以控制它处于低功耗备用状态，到底使用它的什么功能可由用户通过一些控制来选择。

在实验中选择它进行 A 律变换，以 2.048Mbit/s 的速率来传送信息，信令帧为无信令帧，它的发送时序与接收时序直接受 FSx 和 FSR 控制。

还有一点，编译码器一般都有一个 PDN 降功耗控制端，PDN＝1 时，编译码能正常工作，PDN＝0 时，编译码器处于低功耗状态，这时编译码器其他功能都不起作用，在设计时，可以实现对编译码器的降功耗控制。

关于该芯片的工作原理及过程，可参看其厂商提供的相应的 pdf 文档。

2）多功能 ADPCM 编解码器：M7570L-01

M7570L-01 为多功能 ADPCM 编解码器，其具体功能见相应的 pdf 文档。

3）可编程逻辑器件：ALTERA EPM3032A

详见 MAX 3000A 系列可编程逻辑器件 pdf 文档。

第4章　基带数字信号表示

4.1　概　　述

数字基带信号是数字信号的电脉冲表示,不同形式的数字基带信号具有不同的频谱结构,合理地设计数字基带信号以使数字信息变换为适合信道传输特性的频谱结构,是基带传输首先要考虑的问题。通常又把数字信息的电脉冲表示过程称为码型变换,在有线信道中传输的数字基带信号又称为线路传输码型。

数字基带信号的频谱中含有丰富的低频分量乃至直流分量。当传输距离很近时,高频分量衰减也不大。但是数字设备之间长距离有线传输时,高频分量衰减随距离的增加而增大,同时信道中通常还存在隔直流电容或耦合变压器,因而传输频带的高频和低频部分均受限。

数字基带信号是数字信息的电脉冲表示,电脉冲的形式称为码型。通常把数字信息的电脉冲表示过程称为码型编码或码型变换,由码型还原为数字信息称为码型译码。

不同的码型具有不同的频域特性,合理地设计码型使之适合给定信道的传输特性,是基带传输首先要考虑的问题。通常,在设计数字基带信号码型时应考虑以下原则。

(1) 码型中低频、高频分量尽量少。

(2) 码型中应包含定时信息,以便定时提取。

(3) 码型变换设备要简单可靠。

(4) 码型具有一定检错能力,若传输码型有一定的规律性,就可根据这一规律性来检测传输质量,以便做到自动检测。

(5) 编码方案对发送消息类型不应有任何限制,适合于所有的二进制信号。这种与信源的统计特性无关的特性称为对信源具有透明性。

(6) 低误码增殖,误码增殖是指单个数字传输错误在接收端时,造成错误码元的平均个数增加。从传输质量要求出发,希望它越小越好。

(7) 高的编码效率。

以上几点并不是任何基带传输码型均能完全满足的,常常是根据实际要求满足其中的一部分。数字基带信号的码型种类繁多,在此仅介绍一些基本码型和目前常用的一些码型。

4.2　二　元　码

最简单的二元码基带信号的波形为矩形波,幅度取值只有两种电平,分别对应于二进制码1和0。常用的几种二元码的波形如图4.2.1所示。

1) 单极性不归零码

如图4.2.1(a)所示,1和0分别对应正电平和零电平,或负电平和零电平。在整个码元持续时间内,信号电平保持不变,不回到零,故称为不归零码(Nonreturn-to-Zero,NRZ)。它的特点如下。

（1）在信道上占用频带较窄。

（2）存在的直流分量将会导致信号失真和畸变，而且由于直流分量的存在，无法使用一些交流耦合的线路和设备。

（3）不能直接提取位同步信息。

（4）接收单极性 NRZ 码时，判决电平一般取 1 码电平的一半。由于信道衰减或特性随各种因素变化，容易带来接收信号电平（振幅及宽度）的波动，所以判决门限不能稳定在最佳电平上，使抗噪声性能变差。由于单极性 NRZ 码的缺点，数字基带信号传输中很少采用这种码型，它只适合用在导线连接的近距离传输。

2）单极性归零码

如图 4.2.1(b)所示，在传送 1 码时发送 1 个脉冲宽度小于码元宽度的归零脉冲；在传送 0 码时不发送脉冲。其特征是所用脉冲宽度比码元持续时间小，即还没有到码元终止时刻信号电平就回到零，故称其为归零码（Return-to-Zero，RZ）。脉冲宽度 σ 与码元持续时间 T_s 之比 σ / T_s 称为占空比。单极性 RZ 码与单极性 NRZ 码比较，除仍具有单极性码的一般缺点外，主要优点是可以直接提取同步信号，是其他波形提取位定时信号时需要采用的一种过渡波形。

3）双极性不归零码

如图 4.2.1(c)所示，1、0 分别对应正、负电平。其特点除了与单极性 NRZ 码的特点（1）和特点（3）相同外，还有以下特点。

（1）从统计平均的角度看，当 1 和 0 等概率时无直流分量，但当 1 和 0 不等概率时，仍有直流成分。

（2）接收端判决门限设在零电平，与接收信号电平波动无关，容易设置并且稳定，因此抗噪声性能强。

4）双极性归零码

如图 4.2.1(d)所示，1 和 0 分别用归零正、负脉冲表示，相邻脉冲间必有零电平区域存在。因此，在接收端根据接收波形归于零电平便知道 1 个码元已接收完毕，准备下个码元的接收。也就是说正、负脉冲的前沿起到了启动信号的作用，脉冲的后沿起到了终止信号的作用，因此，收发之间不需要特别的定时信息，各符号独立地构成了起止方式，这种方式也称为自同步方式。此外，双极性归零码也具有双极性不归零码的抗噪声性能强、码型中不含直流成分的优点，因此得到了较为广泛的应用。

5）差分码

差分码是利用前后码元电平的相对极性来传送信息的一种相对码。差分码有 0 差分码和 1 差分码两种。对于 0 差分码，它利用相邻前后码元极性改变表示 0，不变表示 1。而 1 差分码则是利用相邻前后码元极性改变表示 1，不变表示 0，如图 4.2.1(e)所示。这种码的特点是，即使接收端收到的码元极性与发送端完全相反，也能正确进行判决。

6）双相码

双相码（Bi-phase Code）又称数字分相码或曼彻斯特（Manchester）码。它的特点是每个二进制代码分别用两个具有不同相位的二进制代码来表示。例如，1 码用 10 表示，0 码用 01 表示，如图 4.2.1(f)所示。该码的优点是无直流分量，最长的连 0 和连 1 数为 2，定时信息丰富,编译码电路简单。但其码元速率比输入的信码速率提高了一倍。数据通信中的以太网采用的就是双相码。

双相码当极性反转时会引起译码错误,为解决此问题,可以采用差分码的概念,将数字双相码中用绝对电平表示的波形改为用相对电平变化来表示。这种码型称为差分双相码或差分曼彻斯特码,数据通信的令牌网就采用这种码型。

7) 密勒码

密勒(Miller)码又称为延迟调制码,它是双相码的一种变形。编码规则如下:1 码用码元持续中心点出现跃变来表示,即用 10 或 01 来表示,如果是连 1 则需交替;0 码有两种情况,单个 0 时,在码元持续时间内不出现电平跃变,且与相邻码元的边界处也不跃变;连 0 时,在两个 0 码的边界处出现电平跃变,即 00 和 11 交替。密勒码的波形如图 4.2.1(g)所示。密勒码中脉冲最大宽度为 $2T_s$,即两个码元周期,这一性质可用来进行误码检错。

8) 传号反转码

传号反转码(Coded Mark Inversion,CMI)的编码规则是:0 码用 01 表示,1 码用 00 和 11 交替表示。CMI 码的波形如图 4.2.1(h)所示。它的优点是没有直流分量,且有频繁出现的波形跳变,便于定时信息提取,具有误码监测能力。CMI 码同样也有因极性反转而引起的译码错误问题。

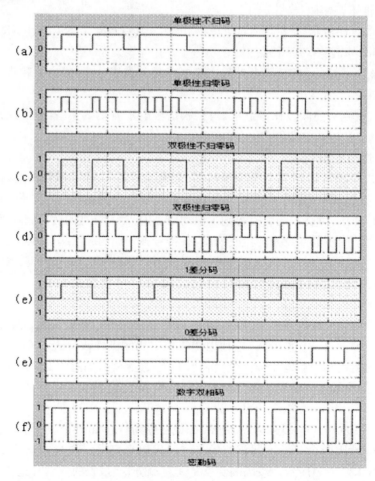

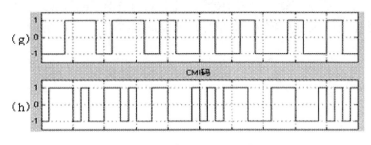

图 4.2.1　几种常用的二元码波形

4.3　三　元　码

三元码指的是用信号幅度的三种取值表示二进制码,三种幅度的取值为 $+1$、0、-1。这种表示方法通常不是由二进制到三进制的转换,而是某种特定取代关系,所以三元码又称为准三元码或伪三元码。三元码种类很多,广泛用作脉冲编码调制的线路传输码。

1) 传号交替反转码

传号交替反转码(Alternative Mark Inverse,AMI)又称双极性方式码、平衡对称码、交替极性码等。在这种码型中的 0 码与零电平对应,1 码对应极性交替的正、负电平,如图 4.3.1(a)所示。这种码型把二进制脉冲序列变为三电平的符号序列,其优点如下。

(1) 在 1、0 码不等概情况下,也无直流成分,且零频附近的低频分量小。

(2) 即使接收端收到的码元极性与发送端完全相反,也能正确判决。

(3) 只要进行全波整流就可以变为单极性码。如果 AMI 码是归零的,变为单极性归零后就可提取同步信息。

2) n 阶高密度双极性码

n 阶高密度双极性码记作 HDB_n(High Density Bipolar)码,可看成 AMI 码的一种改进。使用这种码型的目的是解决原信码中出现连 0 串时所带来的问题。HDB_n 码中应用最广泛的是 HDB_3 码。

其编码原理是这样的。先把消息变成 AMI 码,然后检查 AMI 的连 0 情况,如果没有 3个以上的连 0 串,那么这时的 AMI 码与 HDB_3 码完全相同。当出现 4 个或 4 个以上的连 0时,则将每 4 个连 0 串的第 4 个 0 变换成 1 码。这个由 0 码变换来的 1 码称为破坏脉冲,用符号 V 表示;而原来的二进制码 1 码称为信码,用符号 B 表示。当信码序列中加入破坏脉冲以后,信码 B 和破坏脉冲 V 的正、负极性必须满足以下两个条件。

(1) B 码和 V 码各自都应始终保持极性交替变化的规律,以便确保输出码中没有直流成分。

(2) V 码必须与前一个信码同极性,以便和正常的 AMI 码区分开来。但是当两个 V码之间的信码 B 的数目是偶数时,以上两个条件就无法满足,此时应该把后面的那个 V 码所在的连 0 串中的第一个 0 变为补信码 B',即 4 个连 0 串变为 $B'00V$,其中 B' 的极性与前面相邻的 B 码极性相反,V 码的极性与 B' 的极性相同。如果两个 V 码之间的 B 码数目是奇数,就不用再加补信码 B'。

下面例子中(a)是一个二进制数字序列,(b)是对应的 AMI 码,(c)是信码 B 和破坏脉冲

V 的位置,(d)是 B 码、B′码和 V 码的位置以及它们的极性,(e)是编码后的 HDB₃ 码。其中
+1 表示正脉冲,-1 表示负脉冲。HDB₃ 码的波形如图 4.3.1(b)所示。

(a) 代码	0 1 0 0 0 0 1 1 0 0 0 0 0 0 1 0 1 0
(b) AMI 码	0 +1 0 0 0 0 -1 +1 0 0 0 0 0 -1 0 +1 0
(c) B 和 V	0 B 0 0 0 V B B 0 0 0 V 0 B 0 B 0
(d) BB′和 V 极性	0 B+ 0 0 0 V+ B- B+ B′- 0 0 V- 0 B+ 0 B- 0
(e) HDB₃	0 +1 0 0 0 +1 -1 +1 -1 0 0 -1 0 +1 0 -1 0

在接收端译码时,由两个相邻的同极性码找到破坏脉冲 V,从 V 码开始向前连续四个
码(包括 V 码)变为 4 连 0。经全波整流后可恢复原单极性码。

HDB₃ 的优点是无直流成分,低频成分少,即使有长连 0 码,也能提取位同步信息;缺点
是编译码电路比较复杂。

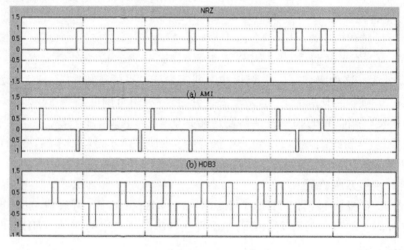

图 4.3.1　三元码波形

3) BNZS 码

BNZS 码是 N 连 0 取代双极性码的缩写。与 HDBₙ 码相类似,该码可看成 AMI 码的
另一种改进。当连 0 数小于 N 时,遵从传号极性交替规律,但当连 0 数为 N 或超过 N 时,
则用带有破坏点的取代节来替代。常用的是 B6ZS 码,它的取代节为 0VB0VB,该码也有与
HDBₙ 码相似的特点。

4.4　多　元　码

当数字信息有 M 种符号时,称为 M 元码,相应地要用 M 种电平表示它们,称为多元
码。在多元码中,每个符号可以用来表示一个二进制码组。也就是说,对于 n 位二进制码组
来说,可以用 $M=2^n$ 元码来传输。与二元码传输相比,在码元速率相同的情况下,它们的传
输带宽是相同的,但是多元码的信息传输速率可提高到 $\log_2 M$ 倍。

多元码在频带受限的高速数字传输系统中得到了广泛的应用。例如,在综合业务数字网中,数字用户环的基本传输速率为 144Kbit/s,若以电话线为传输媒介,所使用的线路码型为四元码 2B1Q。在 2B1Q 中,两个二进制码元用 1 个四元码表示,如图 4.4.1 所示。

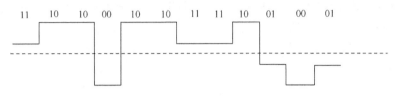

图 4.4.1　2B1Q 码的波形

多元码通常采用格雷码表示,相邻幅度电平所对应的码组之间只相差 1bit,这样就可以减小在接收时因错误判定电平而引起的误比特率。

多元码不仅用于基带传输,而且更广泛地用于多进制数字调制的传输中,以提高频带利用率。

4.5　实验 6　码型变换

1. 实验要求

(1) 了解几种常见的数字基带信号。
(2) 掌握常用数字基带传输码型的编码规则。
(3) 掌握用 FPGA 实现码型变换的方法。

2. 实验内容

(1) 观察 NRZ 码、RZ 码、BRZ 码、BNRZ 码、AMI 码、CMI 码、HDB$_3$ 码、BPH 码的波形。
(2) 观察全 0 码或全 1 码时各码型的波形。
(3) 观察 HDB$_3$ 码、AMI 码、BNRZ 码的正、负极性波形。
(4) 观察 NRZ 码、RZ 码、BRZ 码、BNRZ 码、AMI 码、CMI 码、HDB$_3$ 码、BPH 码经过码型反变换后的输出波形。
(5) 自行设计码型变换电路,下载并观察输出波形。

3. 实验仪器

(1) 信号源模块 1 块。
(2) 码型变换模块 1 块。
(3) 20M 双踪示波器 1 台。
(4) 连接线若干。

4. 实验原理

1) 二元码
(1) 在很多教材中将单极性归零码称为归零 RZ 码,而将与归零相对应的单极性和双极性不归零码称为不归零 NRZ 码。实验指导书中则采用 NRZ 码代表单极性不归零码,用 BNRZ 码代表双极性不归零码。并且在大部分实验中均以 NRZ 码作为输入信号或基带信号。本实验也用信号源的 NRZ 码作为输入信号。

(2)二元码中最简单的二元码如单极性不归零码、单极性归零码和双极性不归零码的功率谱中有丰富的低频乃至直流分量。这对于大多数采用交流耦合的有线信道来说是不允许的。此外,当包含长串的连续 1 或 0 时,非归零码呈现出连续的固定电平。由于信号中不出现跳变,因而无法提取定时信息。它们存在的另一个问题是:它们不具有检测错误的能力。由于信道频带受限并且存在其他干扰,经传输信道后基带信号波形会产生畸变,从而导致接收端错误地恢复原始信息。并且由于上述二元码信息中每个 1 和 0 分别独立地相应于某个传输电平,相邻信号之间不存在任何制约,正是这种不相关性使这些基带信号不具有检测错误信号状态的能力。由于这些问题,它们通常只用于机内或很近距离的信息传递。

(3)BPH 码。由于双相码在每个码元间隔的中心部分都存在电平跳变,因此在频谱中存在很强的定时分量,它不受信源统计特性的影响。此外,由于方波周期内正、负电平各占一半,因而不存在直流分量。显然,这种优点是用频带加倍来换取的。双相码适用于数据终端设备在短距离上的传输。

(4)CMI 码。CMI 码也没有直流分量,却有频繁出现的波形跳变,便于恢复定时信号。而且从 CMI 码波形可知,用负跳变可直接提取位定时信号,不会产生相位不确定问题。相比之下,在数字双相码中采用一种跳变提取的定时信号相位是不确定的。但若采用两种跳变提取定时信号,则频率是位定时频率的两倍,由它分频得到位定时信号时,也必存在相位不确定问题。传号反转码的另一个特点是它有检测错误的能力。根据它的编码规则,在正常情况下 10 是不可能在波形中出现的,连续的 00 和 11 也是不可能的,这种相关性可以用来检测因信道而产生的部分错误。在 CMI 码中,原始的二元信息在编码后都用一组两位的二元码来表示,因此这类码又称为 1B2B 码型。

2)编码原理框图

编码原理框图如图 4.5.1 所示,实现如下。

(1)单极性的 RZ 码、BPH 码、CMI 码可直接通过 CPLD 实现编码。

(2)双极性的 BRZ 码、BNRZ 码、AMI 码、HDB$_3$ 码通过 CPLD 编码后,必须通过外接的具有正、负极性输出的数据选择器生成。

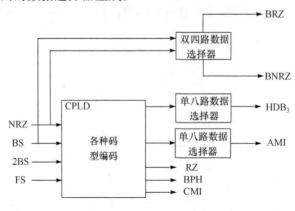

图 4.5.1 编码原理框图

3) 解码部分原理框图

解码原理框图如图 4.5.2 所示,实现如下。

(1) 单极性的 RZ 码、BPH 码、CMI 码可直接通过 CPLD 实现解码。

(2) 双极性的 BRZ 码、BNRZ 码、AMI 码、HDB₃ 码先通过双(极性)-单(极性)变换器,再将变换得到的单极性送入 CPLD 实现解码。

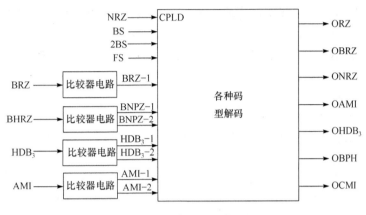

图 4.5.2　解码原理框图

5. 实验步骤

(1) 将信号源模块、码型变换模块小心地固定在主机箱中,确保电源接触良好。

(2) 插上电源线,打开主机箱右侧的交流开关,再分别按下两个模块中的开关 POW-ER1、POWER2,对应的发光二极管 LED01、LED02 发光,按一下信号源模块的复位键,两个模块均开始工作。注意,此处只是验证通电是否成功,在实验中均是先连线,后打开电源做实验,不要带电连线。

(3) 将信号源模块的拨码开关 SW04、SW05 设置为 00000101、00000000,SW01、SW02、SW03 设置为 01110010、00110000、00101011。按实验 1 的介绍,此时分频比千位、十位、个位均为 0,百位为 5,因此分频比为 500,此时位同步信号频率应为 4kHz。观察 BS、2BS、NRZ 各点波形。

(4) 编码实验(在每次改变编码方式后,请按下复位键),实验结果如图 4.5.3～图4.5.23 所示。

① RZ 编码实验。

a. 将“编码方式选择”拨码开关拨为 10000000,则编码实验选择为 RZ 方式。

b. 将信号源模块与码型变换模块上以下三组输入/输出点用连接线连接:BS 与 BS、2BS 与 2BS,NRZ 与 NRZ。

c. 从“编码输出 1 处”观察 RZ 编码,如图 4.5.3 所示。如果发现波形不正确,请按下复位键后继续观察。

② BPH 编码实验。

a. 将“编码方式选择”拨码开关拨为 01000000,则编码实验选择为 BPH 方式。

b. 将信号源模块与码型变换模块上以下三组输入/输出点用连接线连接:BS 与 BS、

2BS 与 2BS、NRZ 与 NRZ。

c. 从"编码输出 1 处"观察 BPH 编码,如图 4.5.5 所示。如果发现波形不正确,请按下复位键后继续观察。

③ CMI 编码实验。

a. 将"编码方式选择"拨码开关拨为 00100000,则编码实验选择为 CMI 方式。

b. 将信号源模块与码型变换模块上以下三组输入/输出点用连接线连接:BS 与 BS、2BS 与 2BS、NRZ 与 NRZ。

c. 从"编码输出 1 处"观察 CMI 编码,如图 4.5.7 所示。如果发现波形不正确,请按下复位键后继续观察。

④ HDB₃ 编码实验。

a. 将"编码方式选择"拨码开关拨为 00010000,则编码实验选择为 HDB₃ 方式。

b. 将信号源模块与码型变换模块上以下三组输入/输出点用连接线连接:BS 与 BS、2BS 与 2BS、NRZ 与 NRZ。

c. 从"编码输出 2 处"观察 HDB₃ 编码,如图 4.5.9、图 4.5.11 和图 4.5.12 所示。如果发现波形不正确,请按下复位键后继续观察。

⑤ BRZ 编码实验。

a. 将"编码方式选择"拨码开关拨为 00001000,则编码实验选择为 BRZ 方式。

b. 将信号源模块与码型变换模块上以下三组输入/输出点用连接线连接:BS 与 BS、2BS 与 2BS、NRZ 与 NRZ。

c. 从 BRZ 处观察 BRZ 编码,如图 4.5.13 和图 4.5.15 所示。如果发现波形不正确,请按下复位键后继续观察。

⑥ BNRZ 编码实验。

a. 将"编码方式选择"拨码开关拨为 00000100,则编码实验选择为 BNRZ 方式。

b. 将信号源模块与码型变换模块上以下三组输入/输出点用连接线连接:BS 与 BS、2BS 与 2BS、NRZ 与 NRZ。

c. 从 BNRZ 处观察 BNRZ 编码,如图 4.5.16、图 4.5.18 和图 4.5.19 所示。如果发现波形不正确,请按下复位键后继续观察。

⑦ AMI 编码实验。

a. 将"编码方式选择"拨码开关拨为 00000010,则编码实验选择为 AMI 方式。

b. 将信号源模块与码型变换模块上以下三组输入/输出点用连接线连接:BS 与 BS、2BS 与 2BS、NRZ 与 NRZ。

c. 从"编码输出 2 处"观察 AMI 编码,如图 4.5.20、图 4.5.22 和图 4.5.23 所示。如果发现波形不正确,请按下复位键后继续观察。

(5) 解码实验(在每次改变解码方式后,请按下复位键)。

① RZ 解码实验。

a. 将"编码方式选择"拨码开关拨为 10000000,则编码实验选择为 RZ 方式。

b. 在 RZ 编码方式的前提下,用线连接"编码输出 1"与"解码输入 1"。

c. 从"解码输出处"观察 RZ 解码。并将示波器设为双踪状态比较解码信号与信号源的 NRZ 码,如图 4.5.4 所示。如果发现波形不正确,请按下复位键后继续观察。

② BPH 解码实验。

a. 将"编码方式选择"拨码开关拨为 01000000,则编码实验选择为 BPH 方式。

b. 在 BPH 编码方式的前提下,用线连接"编码输出 1"与"解码输入 1"。

c. 从"解码输出处"观察 BPH 解码。并将示波器设为双踪状态比较解码信号与信号源的 NRZ 码,如图 4.5.6 所示。如果发现波形不正确,请按下复位键后继续观察。

③ CMI 解码实验。

a. 将"编码方式选择"拨码开关拨为 00100000,则编码实验选择为 CMI 方式。

b. 在 CMI 编码方式的前提下,用线连接"编码输出 1"与"解码输入 1"。

c. 从"解码输出处"观察 CMI 解码。并将示波器设为双踪状态比较解码信号与信号源的 NRZ 码,如图 4.5.8 所示。如果发现波形不正确,请按下复位键后继续观察。

④ HDB$_3$ 解码实验。

a. 将"编码方式选择"拨码开关拨为 00010000,则编码实验选择为 HDB$_3$ 方式。

b. 在 HDB$_3$ 编码方式的前提下,用线连接"编码输出 2"与"解码输入 2"。

c. 分别观察双路输出 1、双路输出 2,并与解码输入 2 相比较。

d. 从"解码输出处"观察 HDB$_3$ 解码。并将示波器设为双踪状态比较解码信号与信号源的 NRZ 码,如图 4.5.10 所示。如果发现波形不正确,请按下复位键后继续观察。

⑤ BRZ 解码实验。

a. 将"编码方式选择"拨码开关拨为 00001000,则编码实验选择为 BRZ 方式。

b. 在 BRZ 编码方式的前提下,用线连接 BRZ 与"BRZ 解码输入"。

c. 观察 BRZ-1 处输出波形,并与"BRZ 解码输入"处波形进行比较。

d. 从"解码输出处"观察 BRZ 解码。并将示波器设为双踪状态比较解码信号与信号源的 NRZ 码,如图 4.5.14 所示。如果发现波形不正确,请按下复位键后继续观察。

⑥ BNRZ 解码实验。

a. 将"编码方式选择"拨码开关拨为 00000100,则编码实验选择为 BNRZ 方式。

b. 在 BNRZ 编码方式的前提下,用线连接 BNRZ 与"解码输入 2"。

c. 分别观察双路输出 1、双路输出 2,并与解码输入 2 进行比较。

d. 从"解码输出处"观察 BNRZ 解码。并将示波器设为双踪状态比较解码信号与信号源的 NRZ 码,如图 4.5.17 所示。如果发现波形不正确,请按下复位键后继续观察。

⑦ AMI 解码实验。

a. 将"编码方式选择"拨码开关拨为 00000010,则编码实验选择为 AMI 方式。

b. 在 AMI 编码方式的前提下,用线连接"编码输出 2"与"解码输入 2"。

c. 分别观察双路输出 1、双路输出 2,并与解码输入 2 进行比较。

d. 从"解码输出处"观察 AMI 解码。并将示波器设为双踪状态比较解码信号与信号源的 NRZ 码,如图 4.5.21 所示。如果发现波形不正确,请按下复位键后继续观察。

（6）任意改变信号源模块上的拨码开关 SW01、SW02、SW03 的设置,重复本实验的第(4)、(5)步的内容。

（7）将信号源模块上的拨码开关 SW01、SW02、SW03 全部拨为 1 或全部拨为 0,重复本实验的第(4)、(5)步的内容。

6. 实验结果

输入:信号源的拨码开关 SW04、SW05 设置为 00000101、00000000,500 分频;

SW01、SW02、SW03 设置为 01110010、00110000、00101011。

BS:信号源测试点 BS 输出的方波。

2BS:信号源测试点 2BS 输出的方波。

NRZ:信号源测试点 NRZ 输出的 NRZ 码。

1）RZ 编解码

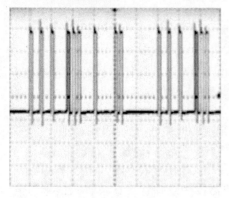

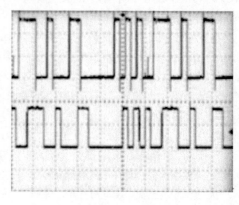

图 4.5.3　编码输出 1 处输出的 RZ 码　　　图 4.5.4　解码输出处输出的 RZ 解码（与 NRZ 双踪）

2）BPH 编解码

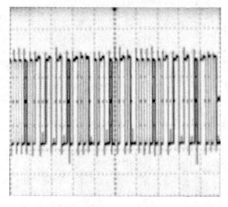

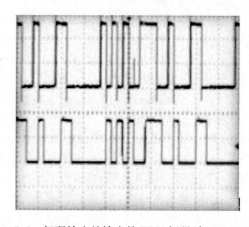

图 4.5.5　编码输出 1 处输出的 BPH 码　　图 4.5.6　解码输出处输出的 BPH 解码（与 NRZ 双踪）

3）CMI 编解码

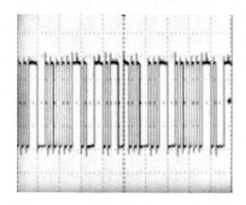

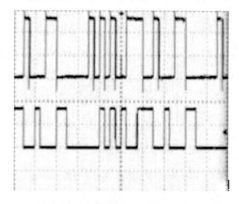

图 4.5.7　编码输出 1 处输出的 CMI 码　　图 4.5.8　解码输出处输出的 CMI 解码（与 NRZ 双踪）

4）HDB₃ 编解码

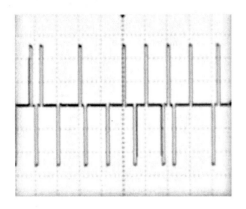

图 4.5.9　编码输出 2 处输出的 HDB₃ 码

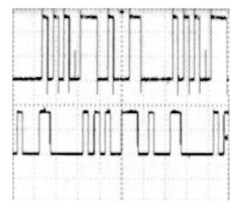

图 4.5.10　解码输出处输出的 HDB₃ 解码（与 NRZ 双踪）

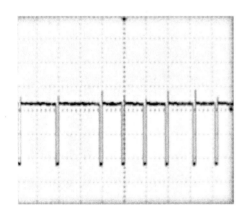

图 4.5.11　双路输出 1 测试点（HDB₃ 编码
　　　　　正极性输出点信号）

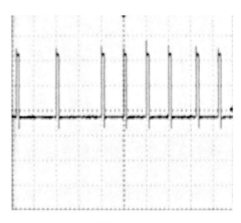

图 4.5.12　双路输出 2 测试点（HDB₃ 编码
　　　　　负极性输出点信号）

5）BRZ 编解码

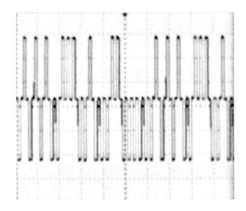

图 4.5.13　BRZ 测试点输出的 BRZ 码

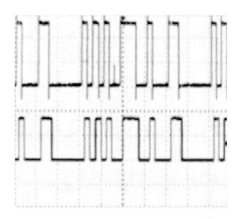

图 4.5.14　解码输出处输出的 BRZ 解码（与 NRZ 双踪）

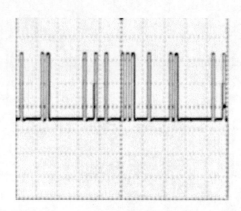

图 4.5.15　BRZ-1 测试点（BRZ 编码单极性信号输出点）输出的码型

6）BNRZ 编解码

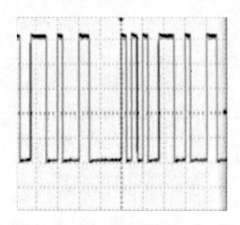 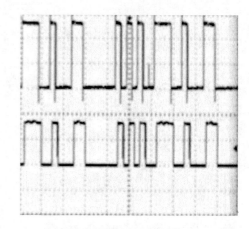

图 4.5.16　BNRZ 测试点输出的 BNRZ 码　　图 4.5.17　解码输出处输出的 BNRZ 解码（与 NRZ 双踪）

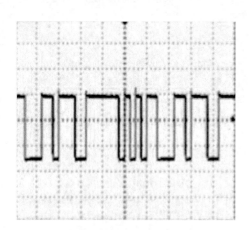 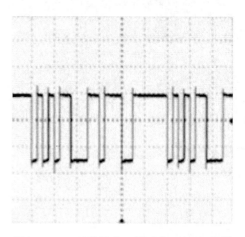

图 4.5.18　双路输出 1 测试点（BNRZ 编码正　　图 4.5.19　双路输出 2 测试点（BNRZ 编码
　　　　　极性信号）输出的码型　　　　　　　　　　　负极性）输出点码型

7）AMI 编解码

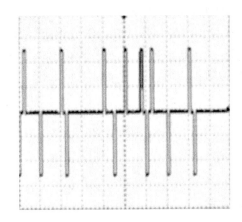 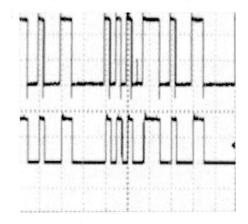

图 4.5.20 双路输出 2 测试点输出的 AMI 码   图 4.5.21 解码输出处输出的 AMI 解码（与 NRZ 双踪）

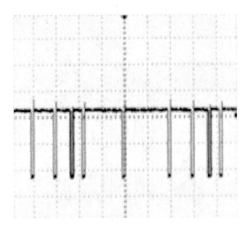 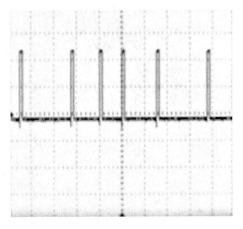

图 4.5.22 双路输出 1 测试点（AMI 编
码正极性输出点信号）

图 4.5.23 双路输出 2 测试点（AMI 编
码负极性输出点信号）

7. 思考题及参考答案

（1）设二进制符号序列为 110010001110，试以矩形脉冲为例，分别画出相应的单极性波形、双极性波形、单极性归零波形、双极性归零波形、二进制差分波形及八电平波形。

答 （略）

（2）已知信息代码为 100000000011，求相应的 AMI 码、HDB$_3$ 码、CMI 码及双相码。

答　AMI 码：＋1 0000 00000 －1 ＋1

HDB$_3$ 码：＋1 000 ＋V － B00 － V0 ＋1 － 1

CMI 码：11 01 01 01 01 01 01 01 01 01 00 11

双相码：10 01 01 01 01 01 01 01 01 01 10 10

（3）在实际的基带传输系统中，是否所有的代码的电波形都能在信道中传输？

答　并不是所有代码的电波形都能在信道中传输，如含直流和丰富低频成分的基带信号就不适宜在信道中传输。

（4）对传输用的基带信号的选择，应该从哪些方面来考虑？如果在较为复杂的基带传输系统中,传输码的结构应具有哪些特性?

　　答　对传输用的基带信号的选择,应该从传输码型选择和基带脉冲两方面来考虑。在较为复杂的基带传输系统中,传输码的结构应:①能从其相应的基带信号中获取定时信息;②相应的基带信号无直流成分和只有很小的低频成分;③不受信息源统计特性的影响,即能适应于信息源的变化;④尽可能地提高传输码型的传输效率;⑤具有内在的检错能力等。

　　8. 扩展实验

　　按通信原理教材中阐述的编码原理自行设计其他码型变换电路,下载并观察各点波形。

　　9. 信号源模块、码型变换模块中的主要元器件

　　信号源模块在前面的实验 1 中已介绍,这里不再赘述。
　　码型变换模块中的主要元器件如图 4.5.24 所示。

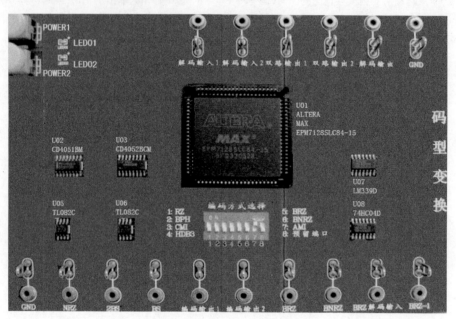

图 4.5.24　码型变换模块简图

　　CPLD:ALTERA MAX EPM7128SLC84-15。该芯片已在前面的实验 2 中介绍,这里不再赘述。

第 5 章　CDMA 系统

5.1　概　　述

CDMA(Code Division Multiple Access)通信方式具有两个基本特点：第一，它具有抗干扰特性，如抗多址衰落，抗有意或无意阻塞干扰；第二，它具有低检测概率特性，如能与自己相同频段的窄带系统共存。这两个特性是其他多址通信方式所没有的，因此现在的 3G 移动通信系统均采用 CDMA 技术。

1. 什么是 CDMA

CDMA 是一种多址接入技术，实现手段是采用直接序列扩谱调制方式。CDMA 系统的特点是用户共用同一频带，容量大、话质好、掉话率低。

CDMA 仅可通过扩展频谱调制实现，而扩展频谱调制并不意味着 CDMA。CDMA 移动通信系统容量是 FM/FDMA 系统容量的 10 倍以上，是 FD/TDMA 系统容量的 5 倍以上，该类系统可实现话音加密、软切换等功能，其服务质量、性价比具有明显优势，其关键技术有功率控制技术、变速率声码器技术等。

2. 直扩系统原理

扩频系统中传输用带宽远大于信息带宽，其特点是抗干扰能力强、保密性好、容量大。IS-95A 规定的 CDMA 移动通信系统采用直接序列扩谱方案，了解直扩系统的基本组成有助于理解 CDMA 系统原理。直扩系统发射、接收示意图如图 5.1.1 所示。

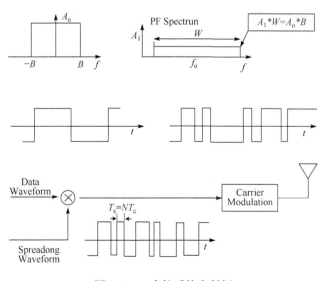

图 5.1.1　直扩系统发射侧

由图 5.1.2 可知,经扩频处理后接收侧射频信噪比可大大降低。对某一特定用户信号,基站解调前仅解扩该用户信号,而其他用户信号带宽仍为 W,接收机滤波器的带宽与用户信息带宽匹配(与基带信号带宽相当,远小于 W),故其他用户产生的干扰经滤波后其剩余量很少,如此可确保足够高的 E_b/N_0 值。

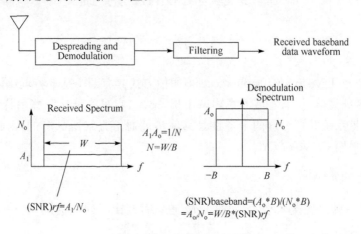

图 5.1.2　直扩系统接收侧

例:采用直扩方案,$W=1.2288\text{MHz}$,假定要求的 $E_b/N_0=6\text{dB}$,信息数据速率 $R=9600\text{bit/s}$,系统抗干扰余量为

$$\text{Magin}=10\lg(1.2288\times10^6/9600)-6=21.1-6=15.1(\text{dB})$$

3. Walsh 码的作用

IS-95A 定义的 CDMA 系统采用 64 阶 Walsh 函数,它们在前、反向链路中的作用是不同的。对于前向链路,依据两两正交的 Walsh 序列,将前向信道划分为 64 个码分信道,码分信道与 Walsh 序列一一对应。Walsh 序列码速率与 PN 码速率相同,均为 1.2288MHz。前向多址接入方案采用正交 Walsh 序列实现,一个编码比特周期对应一个 Walsh 序列 64 码片(chip)。对于反向链路 Walsh 序列作为调制码使用,即 64 阶正交调制。6 个编码比特对应一个 64 位的 Walsh 序列(64 阶 Walsh 编码后的数据速率为 307.2kcps(每秒千码片),经用户 PN 长码加扰/扩频,生成 1.2288 Mcps(每秒兆码片)码流,该码流经 PNI、PNQ 短码覆盖、滤波等处理后交由 RFS 发射)。

4. PN 码的作用

使用伪噪声序列的目的如下。

(1) 数据加扰,使信息数据信号"噪声"化,并可保证各用户信号间尽可能正交。

(2) 扩谱,将低速率信息比特流转化为 1.2288M 符号流,增强抗干扰能力。

采用 PN 码的原因:若使用完全随机的序列进行加扰、扩频,则解调时无法恢复信息比特。所采用的扩谱序列既要有高度的随机特性,又能可控地复现。PN 序列满足这些要求。

5. BPSK、QPSK CDMA 比较

(1) BPSK CDMA 只用一个 PN 序列扩展信息码流频谱,QPSK CDMA 采用 PNI、

PNQ 两个 PN 序列扩展信息码流,QPSK 的信道利用率是 BPSK 的 2 倍。

(2) BPSK CDMA 的用户干扰功率是载波相位的函数,而 QPSK CDMA 用户干扰功率与载波相位变化无关。

对于前向链路,因有 Pilot 辅助,采用相干解调,可弥补 QPSK 包络的强烈波动造成的影响;对于反向,使用 OQPSK 是因为其包络波动小(没有快速相位变化),便于接收机接收和处理。

6. CDMA 的特点

采用 CDMA 系统的主要原因是它潜在的高频谱效率,即它在一定的带宽里能够支持更多的移动台用户。系统关键部分的设计,如功率控制(Power Control)和软切换(Soft Handoff),在实现并增强它的大容量性能的同时,保证了通话质量。另外,调制方式使 CDMA系统具有突出的优点,如动态容量和通话的保密性等。

1) 容量

规划和运营 CDMA 系统的根本原因是出于对容量的考虑。将容量简单地定义为能同时支持的移动台数量。在每条链路上 CDMA 信号共享同一频谱(射频载波),每个移动台采用一个唯一的码序列扩频,对于其他任意一个移动台来说,这一移动台信号看起来就成了宽带干扰。功率控制就是通过调整移动台信号功率来减少这种干扰,使每个移动台的信号以最小的功率满足所需的话音质量要求。

(1) 反向链路。

为了接入一个呼叫,CDMA 移动台必须有足够的功率去克服处于同一频带内其他移动台产生的干扰,也就是说,在基站收到的信号必须达到一定的信噪比要求。移动台所需的发射功率不仅取决于移动台到基站的距离,而且取决于总干扰电平,即小区负载。

每增加一个呼叫,在所有移动台看来,干扰电平都会增加。相应地,为了保证呼叫的完整性,每个移动台都会适当地提高自己的发射功率,这种调整反过来又提高了下一个移动台所必须克服的干扰电平。这种过程自身不断重复,直至一个新的移动台无法在基站获得满意的话音质量,此时系统就达到了它的容量极限。

(2) 前向链路。

基站发射功率所受的限制在根本上决定了前向链路容量的上限。前向链路信号包括用户的业务信息、移动台用到的扇区特定的导频信号,以及其他信号(如同步信号、寻呼信号),基站的总功率分配在这些信号中。当要求分配的功率总和超过了所能得到的发射功率时新增加的移动台就无法获得系统的支持。

每个移动台需要达到的最小信噪比决定了功率的分配。分配给同一个小区内其他移动台的功率和从相邻基站接收到的功率一样都会成为干扰。采用正交编码能消除这些干扰的一部分,这是因为它能使接收机抑制发射给其他移动台的信号,但是,多径效应限制了这种干扰的筛选能力。

相当大一部分的功率必须分配给扇区导频,这一要求进一步限制了前向链路的功率分配。因为所有的移动台都利用扇区导频来捕获和跟踪基站,所以扇区导频非常重要。因此,当剩余的功率在分配给各移动台之后,不足以满足移动台的信号干扰比要求时,容量就达到了极限。

2）功率控制

功率控制容量限制可以通过使系统总干扰电平最小来达到极限，也就是说，控制所有的CDMA信号使它们以最低的功率电平满足信号干扰比要求。功率控制能保证每个用户信号，即能符合最低的通信要求，同时又避免对其他用户信号产生不必要的干扰。

功率控制在前向链路上采用闭环控制算法，在反向链路上采用开环－闭环控制算法。开环功率控制机制的基础是对能够影响输出结果的参数进行测量，而闭环功率控制的基础则是直接测量输出结果。

反向链路的功率控制确保了基站处每个移动台所需的最小的信噪比。在开环路径上，移动台通过估计从基站到移动台的路径损耗来进行功率调整。移动台对接收信号的总功率进行测量，构成了估计的基础。这些功率调整补偿了与前向和反向链路相关的路径损耗的相对变化。在闭环路径上，基站估计从移动台来的信号的信噪比，并发出适当的功率调整命令，从而补偿不相关的路径损耗的变化（如多径衰落）和其他干扰源造成的干扰。最终的基站发射功率是综合考虑这两条控制路径的结果。

前向链路功率控制确保了每一个移动台所需的最小信号干扰比要求。在闭环功率控制中，移动台基于接收信号的误帧率来请求前向链路的功率调整。

3）软切换

CDMA提供了多种机制来保证软切换功能的健壮性（Robust），即当一个移动台从一个小区穿过边界来到另一个小区时，还能保证原有的通信。其中，最主要的机制是软切换，移动台能够得到多达三个小区的同时支持，这个过程使移动台在离开其服务基站（主基站）之前就已 经与它可能到达的小区建立联系。另外，由此所产生的分集增益也提高了边缘区域的链路质量。同时，功率控制的运用保证了移动台在不断增加距离的同时，不会不恰当地提高发射强度，从而成为附近基站的主要干扰源。CDMA软切换与硬切换有几方面的差异。硬切换需要中断业务信道，而在CDMA软切换中，因为每一个小区复用同一个频率，所以不需要每到一个小区就切换信道。而且，与原有的服务基站间的联系还未中断之前，和新的基站间的联系就已经建立起来了，所以不会发生业务信道被中断的情况。切换过程具有健壮性是因为移动台在断掉与旧的基站的联系之前就已和新的基站建立了通信，这一过程称为"先建立，后断开"（Make-Before-Break），与此相对的是"先断开，后建立"（Break-Before-Make）。

4）话音激活

使用话音激活技术可以提高系统的容量。在一次双向通话中，链路的平均利用率大约为50%。如果发射机随着话音活动情况而改变发射功率，由大量移动台产生的干扰将会降低一半，激活因子为2，干扰的降低自然就会直接转化为系统容量的增加。因为所有的用户都使用同一信道，所以对话音激活的利用是可以实现的。

7. 导频信号

如图5.1.3所示，术语"导频信号"指一个导频信道，用一个导频信号序列偏置和一个载频标明。导频信号集的所有导频信号具有相同的CDMA载频。移动台搜索导频信号以探测现有的CDMA信道并测量它们的强度。当移动台探测了一个导频信号具有足够的强度，但并不与任何分配给它的前向业务信道相联系时，它就发送一条导频信号强度测量消息至基站。基站接着安排一个与那个导频信号相联系的前向业务信道给移动台，并且指示移动台开始切换。相对于移动台来说,在某一载频下,所有不同偏置的导频信号被分类为不同的信号集。

1) 导频信号集

(1) 有效导频信号集:分配给移动台的与前向业务信道相联系的导频信号。

(2) 候选导频信号集:当前不在有效导频信号集里,但是已经具有足够的强度,能被成功解调的导频信号。

(3) 相邻导频信号集:由于强度不够,当前不在有效导频信号集或候选导频信号集内,但是可能会成为有效集或候选集的导频信号。

(4) 剩余导频信号集:在当前 CDMA 载频上,当前系统里的所有可能导频信号集(PILOT_INCs 的整数倍),但不包括在相邻导频信号集、候选导频信号集和有效导频信号集里的导频信号。

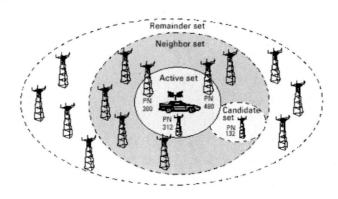

图 5.1.3　导频集合

2) 搜索窗口

在移动台空闲状态,当移动台监视寻呼信道时,它在当前 CDMA 频率指配中(CDMACHs)搜索最强的导引信道信号。搜索性能指标在 EIA/TIA/IS—98 双模式宽带扩频蜂窝移动台最小性能标准中定义。此搜索功能进行如下。

(1) 有效导引信号。对于有效导引信号集,导引信号的搜索窗口应为对应于表 5.1.1 的 SRCH_WIN_A 指定的 PN 码片数。移动台的搜索窗口以有效导引信号集中最早到来的可用导引信号多径成分为中心。如果移动台收到的 SRCH_WIN_A 值大于或等于 13,它将存储并使用在 SRCH_WIN_A 中的值 13。

(2) 相邻导引信号集。对于相邻导引信号集,导引信号的搜索窗口应为对应于表 5.1.1 的 SRCH_WIN_A 指定的 PN 码片数。对于相邻导引信号集中的每个导引信号,移动台应以移动台定时参考定义的 PN 序列偏置为搜索窗口中心。

(3) 剩余导引信号集。对于剩余导引信号集,导引信号的搜索窗口应为对应于表 5.1.1 的 SRCH_WIN_A 指定的 PN 码片数。对于剩余导引信号集中的每个导引信号,移动台应以移动台定时参考定义的 PN 序列偏置为搜索窗口中心。移动台应仅搜索剩余导引信号集中其导引信号 PN 序列偏置等于 PILOT_INCs 整数倍的导引信号。

关于搜索窗口的大小的设置按照表 5.1.1 进行。

表 5.1.1　搜索窗口尺寸

SRCH_WIN_A SRCH_WIN_N SRCH_WIN_R	窗口宽度(PN 码片)	SRCH_WIN_A SRCH_WIN_N SRCH_WIN_R	窗口宽度(PN 码片)
0	4	8	60
1	6	9	80
2	8	10	100
3	10	11	130
4	14	12	160
5	20	13	226
6	28	14	320
7	40	15	452

3) 相邻导引信号集的维持

移动台将支持的相邻导引信号集为 N_{8m} 个。当移动台被指配在前向业务信道上时,移动台将根据最近收到的相邻列表更新消息中包含的导引信号始建相邻导引信号集。移动台针对在相邻导引信号集中的每个导引信号保持一个计数器 AGE。当导引信号从有效导引信号集或候选导引信号集转到相邻导引信号集时,移动台将设计数器为零。移动台对从剩余导引信号集到相邻导引信号集时的导引信号,将设这一计数器为 NGHBR_MAX_AGE。移动台将针对在相邻导引信号集中的导引信号,根据收到的相邻列表更新消息增加 AGE 计数。当移动台分配一个前向业务信道时,移动台将设相邻导引信号集中的每个导引信号为 NGHBR_MAX_AGE。

移动台无论何时在以下任何情况发生时,调整相邻导引信号集。

(1) 如果移动台收到相邻列表更新消息,它将进行以下动作。

对于在相邻导引信号集中的每个导引信号增加 AGE。从相邻导引信号集去掉所有导引信号的 AGE 达到 NGH BR_MAX_AGE 的导引信号。

如果在消息中提到的导引信号不属于候选导引信号集和相邻导引信号集,增加到相邻导引信号集中。如果移动台在相邻导引信号集仅能存储 K 个额外导引信号,并有多于 K 个新导引信号在相邻列表更新消息中发送,移动台将存储列表消息中的最前边的 K 个新导引信号。

(2) 如果候选导引信号集中的切换去掉定时器已逾时,移动台将把它加到相邻导引信号集中。

(3) 如果移动台处理一个扩展切换指示消息或切换指示消息时,处于有效导引信号集的导引信号没有列在其中,并且对应于导引信号的切换去掉定时器已逾时,移动台将把这一导引信号加到相邻导引信号集中。

(4) 如果移动台在候选导引信号集增加一个导引信号而导致候选导引信号集大小达到了移动台所能支持的大小,移动台将把候选导引信号集中去掉的导引信号加到相邻导引信号集中。

(5) 如果移动台检查相邻导引信号集的导引信号强度达到 T_ADD,移动台将从相邻导引信号集中去掉这个导引信号。

（6）如果移动台处理的切换指示消息中列出了在当前相邻导引信号集中的导引信号，移动台将从相邻导引信号集中把此导引信号去掉。

如果移动台向相邻导引信号集增加一个导引信号使相邻导引信号集的大小达到移动台所能支持的大小，移动台将从相邻导引信号集中去掉 AGE 最大的导引信号。如果存在多于一个这样的导引信号，移动台将去掉导引信号强度最低的导引信号。

4）切换参数

（1）T_ADD：导频信号加入门限，如果移动台检查相邻导频信号集或剩余导频信号集的导引信号强度达到 T_ADD，移动台将把这一导引信号加到候选导引信号集中。

（2）T_DROP：导引信号去掉门限，移动台需要对在有效导引信号集和候选导引信号集里的每一个导引信号保留一个切换去掉定时器。每当与之相对应的导引信号强度小于 T_DROP时，移动台需要打开定时器。如果与之相对应的导引信号强度超过 T_DROP，移动台必须重置并关掉定时器。如果达到 T_TDROP，移动台必须重置并关掉定时器。如果 T_TDROP等于 0，移动台认为启动它后 100s 内逾时，否则，移动台必须认为超过如表 5.1.2 所示的定时器值的 10％内定时器逾时。如果 T_TDROP 改变，移动台必须在 100s 内开始使用新值。

（3）T_TDROP：切换去掉定时器。若该定时器超时，该定时器所对应的导引信号是有效导引信号集的一个导引信号，就发送导引信号强度测量消息。如果这一导引信号是候选导引信号集中的导引信号，它将被移至相邻导引信号集。

关于 T_TDROP 的设置按照表 5.1.2 进行。

表 5.1.2　切换去掉定时器期满值

T_TDROP	定时器值/s	T_TDROP	定时器值/s
0	≤0.1	8	27
1	1	9	39
2	2	10	55
3	4	11	79
4	6	12	112
5	9	13	159
6	13	14	225
7	19	15	319

一般来说，切换去掉定时器既不能设置太大，也不能设置太小。太大使较弱的导频信号不能尽快地从有效导频集中去掉，太小则由于瞬间的导频变化增加切换次数影响话路质量。

（4）T_COMP：有效导引信号集与候选导引信号集比较门限，当候选导引信号集里的导频信号强度超过有效导引信号集中的导频信号强度时，移动台发射一个导引信号强度测量消息。基站置这一字段为候选导引信号集与有效导引信号集比值的门限，单位为 0.5dB。

如图 5.1.4 所示，软件切换过程如下。

（1）MS 检测到某个导频强度超过 T_ADD，发送导频强度测量消息 PSMM 给 BS，并且将该导频移到候选集中。

（2）BS 发送切换指示消息。

（3）MS 将该导频转移到有效导引集中，并发送切换完成消息。

（4）有效集中的某个导频强度低于 T_DROP，MS 启动切换去定时器 T_TDROP。

（5）切换去定时器超时，导频强度仍然低于 T_DROP，MS 发送 PSMM。

（6）BS 发送切换指示消息。

（7）MS 将该导频从有效导引集移到相邻集中，并发送切换完成消息。

P_0（候选集），P_1、P_2（有效集），如图 5.1.5 所示，在 t_0 时刻，发送 PSMM，$P_1 >$ T_ADD；在 t_1 时刻，发送 PSMM，$P_0 > P_1 +$ T_COMP×0.5dB；在 t_2 时刻，发送 PSMM，$P_0 > P_2 +$ T_COMP×0.5dB

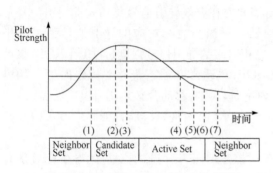

图 5.1.4　软切换过程中导频集的变换

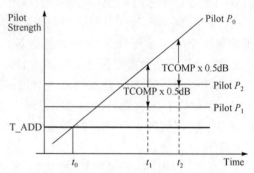

图 5.1.5　触发移动台发送 PSMM 消息的条件

8. SID 和 NID

一个基站就是一个蜂窝系统和一个网络的成员。一个网络是一个系统的子集。系统由系统识别码（SID）来识别。一个系统内的网络由网络识别码（NID）来识别。一个网络由一对识别码唯一识别（SID，NID）。SID 数 0 是一个保留值。NID 数 0 是一个保留值，表明所有不包含在一个特定网络内的基站，NID 值 65535（$2^{16} - 1$）是一个保留值，移动台利用它作为漫游状态判决，以便表明移动台认为整个一个 SID（与 NID 无关）都是本地（非漫游）。

图 5.1.6 展示了一个系统和网络的例子。SID 包含 3 个网络，分别标识为 t、u 和 v，一个在系统 i 内，但不在这 3 个网络里的基站的 NID 为 0。

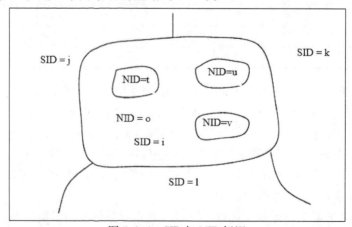

图 5.1.6　SID 与 NID 标识

移动台有一个包含一对或多对本地(非漫游)识别码(SID,NID)的列表。如果存储的识别码(SID,NID)(在系统参数消息里)接收与任何移动台的非漫游(SID,NID)识别码不匹配,则移动台在漫游。定义有两种类型的漫游:如果移动台正在漫游,并且有某些对在移动台(SID,NID)表里的识别码(SID,NID)的 SID 等于 SID,这个移动台是外部 NID 漫游者;如果在移动台(SID,NID)表里没有(SID,NID)识别码的 SID 等于 SID,这个移动台是外部 SID 漫游者。移动台可能使用特定的 NID 值 65535 来表明移动台认为在一个 SID 里的全部 NID 是非漫游的(例如,工作在那个系统的所有基站移动台都不在漫游)。

9. IMSI

IMSI 长度为 15 位是 0 类 IMSI(NMSI 是 12 个数),IMSI 长度少于 15 位的是 1 类 IMSI(NMSI 少于 12 个数)。IMSI_S 是来自 IMSI 的 10 个数字(34 比特)。当 IMSI 长度不小于 10 位时,IMSI_S 等于 IMSI 的后 10 位数字;当 IMSI 长度不足 10 位时,IMSI_S 的低位数字就等于 IMSI,并且在其空余的高位填满 0。IMSI_S 可以分为两个部分:3 位十进制数的 IMSI_S2 和 7 位十进制数的 IMSI_S1,如图 5.1.7 和表 5.1.3 所示。

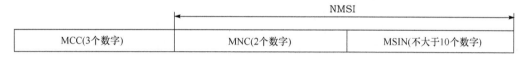

图 5.1.7　IMSI 结构

MCC:移动国家码(China:460)。
MNC:移动网路码(联通为 03)。
MSIN:移动台识别码。
NMSI:国内移动台识别码(MNC+MSIN)。
IMSI:国际移动台识别码(MCC+MNC+MSIN)。

表 5.1.3　优先 MSID 类型

内容	优选 MSID(二进制)
IMSI_S 和 ESN	00
IMSI	10
IMSI 和 ESN	11
所有其他值保留	

5.2　实验 7　CDMA 移动通信系统

1. 实验目的

(1) 了解扩频通信的基本性质。
(2) 了解 CDMA 通信系统的主要构成。

2. 实验内容

(1) 观察基带信号扩频前后的谱变化。

　　(2) 观察扩频后 PSK 调制波形。

　　(3) 扩频、解扩与基带解调。

　　(4) 码分多址。

　　(5) 扩频码定时偏移对解扩的影响。

　　3. 实验仪器

　　(1) 信号源模块 1 块。

　　(2) CDMA 模块 1 块。

　　(3) 数字解调模块 1 块。

　　(4) 频谱分析模块 1 块。

　　(5) 20M 双踪示波器 1 台。

　　(6) 连接线若干。

　　4. 实验原理

　　1) 扩频与解扩、PSK 调制与解调

　　(1) 扩频与解扩。

　　扩频操作又叫信道化操作,就是用一个高速数字序列(m 序列或者 Gold 序列)与数字信号相乘,把一个个的数据符号转换成一系列码片,从而大大提高数字符号的速率,增加信号带宽。这一定义包括以下三方面的意思。

　　① 信号频谱被展宽了。在常规通信中,为了提高频率利用率,通常都是采用大体相当带宽的信号来传输信息,即在无线电通信中射频信号的带宽和所传信息的带宽是属于同一个数量级的,但扩频通信的信号带宽与信息带宽之比则高达 100~1000,属于宽带通信,其目的是为了提高通信的抗干扰能力,这是扩频通信的基本思想和理论依据。扩频通信系统扩展的频谱越宽,处理增益越高,抗干扰能力就越强。

　　② 采用扩频码序列调制的方式来展宽信号频谱。由信号理论知道,脉冲信号宽度越窄,其频谱就越宽,即信号的频带宽度和脉冲宽度近似成反比,因此,越窄的脉冲序列被所传信息调制,越可以产生频带很宽的信号。扩频码序列就是很窄的脉冲序列。

　　③ 在接收端用与发送端完全相同的扩频码序列来进行解扩。

　　直接序列扩频的示意图如图 5.2.1 所示。

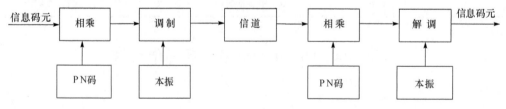

图 5.2.1　直接序列扩频的示意图

　　直接序列扩频通信的过程是将待传送的信息码元与伪随机序列相乘,在频域上将二者的频谱卷积,将信号的频谱展宽,展宽后的频谱呈窄带高斯特性,经载波调制之后发送出去。在接收端,一般首先恢复同步的伪随机码,将伪随机码与调制信号相乘,这样就得到经过信息码元调制的载波信号,再进行载波同步,解调后得到信息码元。

(2) PSK 调制与解调。

BPSK 即 PSK(二相绝对移相键控),即用二进制基带数字信号来控制载波的相位。载波的相位(通常为 0°和 180°)随调制信号 0 和 1 改变,这种调制就是 BPSK。BPSK 信号是双极性非归零码的双边带调制,因此抑制了载波分量。

BPSK 调制器可表示为图 5.2.2。

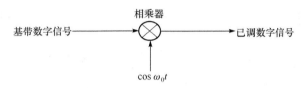

图 5.2.2　BPSK 调制器

BPSK 的信号解调有两种方法:一种是相干解调,另一种是非相干解调。相干解调性能优于非相干解调,但相干解调要求接收机产生一个与收到的载波信号同频同相的参考载波信号,称为相干载波。

2) CDMA 发射部分

CDMA 模块发射部分的原理框图如图 5.2.3 所示。

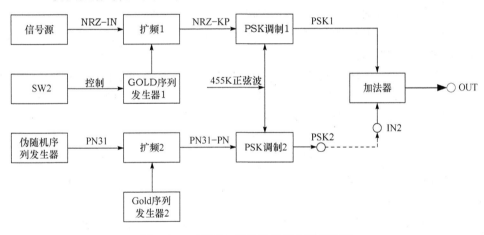

图 5.2.3　CDMA 模块发射部分原理框图

第一路信息码使用信号源模块产生的 NRZ 码,第二路信息码使用 CDMA 模块自身产生的 31 位 m 序列,简称 PN31。两路扩频码均为在 CDMA 模块 CPLD 中产生的 127 位 Gold 序列,其中 Gold1 受 8PIN 开关 SW02 的后 7 位控制,可以任意改变;Gold2 是固定的,其控制开关始终为 0000001。两路信息码分别与 Gold1 和 Gold2 进行扩频后,再进行 PSK 调制。当用连接线将 PSK2 与 IN2 连接起来时,发射部分输出点 OUT 输出的信号就是这两路信号的叠加。

3) CDMA 接收部分

接收部分又由捕获和跟踪两部分构成,其原理框图如图 5.2.4 所示。

为了方便实验,在门限判决处加了一个旋转电位器"捕获"(P01),用于改变比较的门限

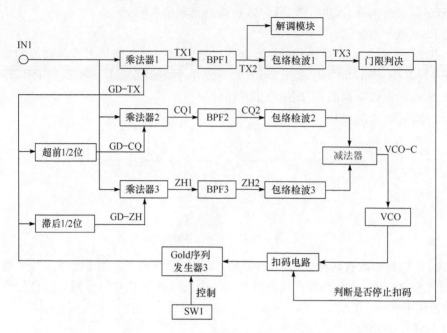

图 5.2.4　CDMA 模块接收部分原理框图

值,以捕获有用信号,同时用发光二极管 LED03 的亮灭来判断是否已捕获到有用信号。同时,在 VCO 处加了一个旋转电位器"跟踪"(P02),用来调节 VCO 的压控信号的直流电平,增大接收端的时钟调节范围,使锁相更容易。

接收端的扩频码 Gold3 受 8PIN 开关 SW01 的后 7 位控制。因此,当 SW01 的后 7 位与 SW02 后 7 位一致时(非 0000001),解调出的信息码为信号源输出的 NRZ 码;当 SW01 的后 7 位为 0000001 时,解调出的信息码为 31 位的 m 序列。

5. 实验步骤

(1) 将信号源模块、CDMA 模块、数字解调模块和频谱分析模块小心地固定在主机箱上,确保电源接触良好。

(2) 插上电源线,打开主机箱右侧的交流开关,再分别按下四个模块中的开关 POW-ER1、POWER2,对应的发光二极管发光,各模块开始工作。注意,此处只是验证通电是否成功,在实验中均是先连线,后打开电源做实验,不要带电连线。

(3) 观察基带信号扩频前后谱变化的实验。

① 将 1M-IN 接信号源模块的 1024K 的方波,NRZ-IN 接信号源模块产生的码速率为 4kHz 的 NRZ 码。

② 将 SW01 第 1 位拨到"外",SW02 第 1 位拨到"有",SW01 第 2~8 位为非 0000001 的任一数,SW02 与 SW01 的第 2~8 位相同,按复位键。

③ 用示波器和频谱分析模块观测比较信号源输入的 NRZ 码和 NRZ-KP 的波形和频谱,比较 NRZ 码与其扩频后的区别,如图 5.2.5 所示。

(4) 观察扩频后 PSK 调制波形的实验。

① 将 1M-IN 接信号源模块的 1024K 的方波,NRZ-IN 接信号源模块产生的码速率为

4kHz 的 NRZ 码。

② 将 SW01 第 1 位拨到"外",SW02 第 1 位拨到"有",SW01 第 2～8 位为非 0000001 的任一数,SW02 与 SW01 的第 2～8 位相同,按复位键。

③ 用示波器观测比较 NRZ—KP 和 PSK1 的波形,比较扩频 NRZ 码与其调制后的区别,如图 5.2.6 所示。

（5）观察两路扩频信号叠加后波形的实验。

① 将 1M-IN 接信号源模块的 1024K 方波,NRZ-IN 接信号源模块产生的码速率为 4kHz 的 NRZ 码。连接 IN2 和 PSK2,将两路扩频、调制后的信号在同一信道中传输。

② 将 SW01 第 1 位拨到"外",SW02 第 1 位拨到"有",SW01 第 2～8 位为非 0000001 的任一数,SW02 与 SW01 的第 2～8 位相同,按复位键。

③ 用示波器观测 OUT 的波形,该点就是两路扩频信号叠加后的输出点,如图 5.2.7 所示。

（6）扩频、解扩与基带解调。

① 连接 OUT 和 IN1,1M-IN 接信号源模块的 1M 的方波,NRZ-IN 接信号源模块产生的码速率为 4kHz 的 NRZ 码,TX2 连接数字解调模块的 PSK-IN,455K 连接数字解调模块的 PSK 载波输入,信号源模块的 BS 信号连接数字解调模块的 PSK-BS（数字解调模块的 S01 拨 0,选取 PSK 解调方式）。

② 将 SW01 的第一位拨为"外",第 2～8 位拨为非 0000001,SW02 的第一位拨为"有",第 2～8 位与 SW01 的第 2～8 位相同,按复位键。

③ 调节数字解调模块的 PSK 判决电压调节旋钮,使"PSK 解调输出"点的信号与 NRZ 码一致。该信号就是解扩、解调后得到的 NRZ 码,如图 5.2.8 所示。

④ 用示波器观测 NRZ-IN、NRZ-KP、PSK1、TX2、PSK 解调输出的波形和频谱。

（7）码分多址的实验。

① 连接 IN2 和 PSK2、OUT 和 IN1,1M-IN 接信号源模块的 1M 的方波,NRZ-IN 接信号源模块产生的码速率为 4kHz 的 NRZ 码,TX2 连接数字解调模块的 PSK-IN,455K 连接数字解调模块的 PSK 载波输入,信号源模块的 BS 信号连接数字解调模块的 PSK-BS（数字解调模块的 S01 拨 0,选取 PSK 解调方式）。

② 将 SW01 的第一位拨为"外",第 2～8 位拨为非 0000001,SW02 的第一位拨为"有",第 2～8 位与 SW01 的第 2～8 位相同,按复位键。

③ 调节数字解调模块的 PSK 判决电压调节旋钮,使"PSK 解调输出"点的信号与 NRZ 码一致。该信号就是解扩、解调后得到的 NRZ 码。

④ 将 SW01 第 2～8 位拨为 0000001,SW02 的第 2～8 位拨为非 0000001,按复位键。

⑤ 此时测"PSK 解调输出"点和 PN-OUT 输出点,调节数字解调模块的 PSK 判决电压调节旋钮,使两者码元相同。该信号就是解扩、解调后得到的 PN 码,如图 5.2.9 所示。

（8）扩频码定时偏移对解扩的影响实验。

① 连接 IN2 和 PSK2、OUT 和 IN1,1M-IN 接信号源模块的 1M 的方波,NRZ-IN 接信号源模块产生的码速率为 4kHz 的 NRZ 码,TX2 连接数字解调模块的 PSK-IN,455K 连接

数字解调模块的 PSK 载波输入,信号源模块的 BS 信号连接数字解调模块的 PSK-BS(数字解调模块的 S01 拨 0,选取 PSK 解调方式)。

② 将 SW01 的第一位拨为"外",第 2~8 位拨为非 0000001,SW02 的第一位拨为"有",第 2~8 位与 SW01 的第 2~8 位相同,按复位键。

③ 将捕获电位器顺时针旋到底,LED03 为亮。示波器通道 1 接 F-IN,通道 2 接 VCO,此时可在示波器上看到两个方波有相对位移,调 P02,使滑动速度尽量慢,但仍有滑动,如图 5.2.10 所示。

④ 将捕获电位器逆时针旋到底,LED03 灭。此时又看到两个方波滑动变快,顺时针慢慢调节捕获旋钮,调到 LED03 刚好为亮,按住复位键 LED03 灭,松开复位键 LED03 亮,以此来确定接收端捕获到了发送端的 Gold 序列。

⑤ 示波器通道 1 接 NRZ-KP,通道 2 接 GD-TX,在示波器上可看到两组 PN 码相同,即接收端捕获到了发送端的 Gold 序列。为便于观察,可将 NRZ 码拨为全 1,如图 5.2.11 所示。

⑥ 调节跟踪旋钮,使上述两组 PN 码相位不完全相同。

⑦ 调节数字解调模块的 PSK 判决电压调节旋钮,使"PSK 解调输出"点的信号与 NRZ 码一致。

⑧ 比较(7)和(8)的效果,得出扩频码定时偏移对解扩影响的结论,如图 5.2.12 所示。

说明:拨码开关 SW01 第一位拨到"内",表明 CPLD 的时钟由压控钟振提供;拨到"外",表明 CPLD 的时钟由信号源模块输入的 1MHz 的信号提供。

拨码开关 SW02 第一位拨到"有",表明"超前"、"滞后"两路有 GLOD 码输出,环路存在鉴相特性,输入、输出信号可以正确锁定;拨到"无",表明"超前"、"滞后"两路无 GLOD 码输出。

6. 实验结果

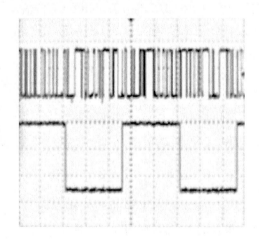 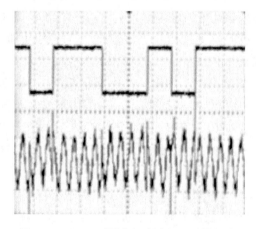

图 5.2.5　NRZ-KP 测试点(扩频 NRZ 码输出点,与信号源的 NRZ 码一起双踪观察)输出的波形　　图 5.2.6　PSK1 测试点(扩频 NRZ 码经过 BPSK 调制输出点,与 NRZ-KP 一起双踪观察)输出的波形

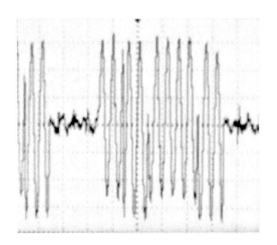

图 5.2.7　OUT 测试点(发送端信号输出点,即为
两路扩频信号叠加后的输出点)输出的波形

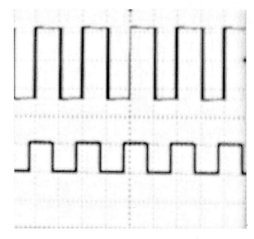

图 5.2.8　数字解调的 PSK-OUT 测试点(与信号源
的 NRZ 码一起双踪观察)输出的波形(调节 PSK 判决
电压调节按钮,使其输出为解扩、调制后的 NRZ 码)

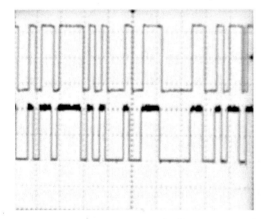

图 5.2.9　PN-OUT 测试点(与数字解调的 PSK-OUT
一起双踪观察)输出的波形(调节 PSK 判决电压调
节按钮,使其输出为解扩,解调后的 PN 码)

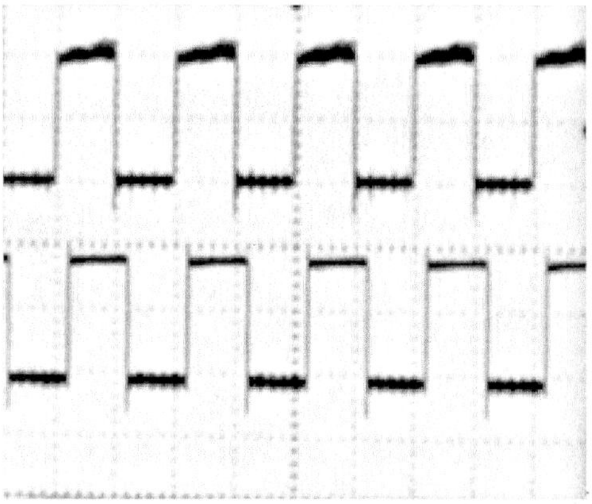

图 5.2.10　F-IN 测试点(与 VCO 一起双踪观察)
输出的波形(扩频码定时偏移对解扩的影响实验)

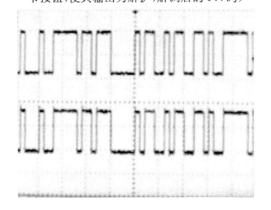

图 5.2.11　NRZ-KP 测试点(与 GD-TX 一起双踪
观察,MRZ 码为全 1)输出的波形(扩频码定时偏
移对解扩的影响实验)

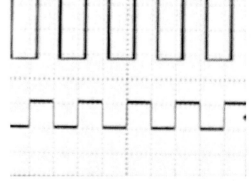

图 5.2.12　数字解调的 PSK-OUT 测试点(与信号源
NRZ 一起双踪观察)输出的波形(干扰信号对窄带
解扩的影响实验)

7. 思考题及参考答案

(1) 分析扩频码定时偏移对解扩的影响。

答　当输入信号与本地参考信号同步之前或者不完全同步时(发生码定时偏移时),有用信号的一部分与本地伪码卷积而被展宽为伪噪声输出。输出的噪声总量取决同步程度。当完全不同步时(差一个码元以上时),相关器输出全部为噪声。因此扩展频谱系统的相关处理过程,对于码位同步提出十分严格的要求。

(2) 分析窄带干扰信号对解扩的影响。

答　窄带干扰输入相关器与本地扩频信号相乘,根据频域内卷积原理,干扰信号功率被本地参考信号扩展成为等于本地参考信号的宽带信号,经中频滤波器滤除带外干扰频谱,只有少量的干扰功率从中频带通滤波器输出。

8. CDMA 模块、数字解调模块的主要元器件

1) CDMA 模块

该模块的主要器件如图 5.2.13 所示。

图 5.2.13　CDMA 模块简图

CPLD：ALTERA MAX EPM7128SLC84-15,该器件已在第 2 章 2.3 实验 2 中介绍。

2) 数字解调模块

该模块中的主要元器件如图 5.2.14 所示。

(1) MC1496。

MC1496 是双平衡四象限模拟乘法器,其功能见其厂商的说明书。

(2) LM339。

LM339 集成块内部装有四个独立的电压比较器,该电压比较器的特点是：①失调电压小,典型值为 2mV;②电源电压范围宽,单电源为 2-36V,双电源电压为±1-±18V;③对比

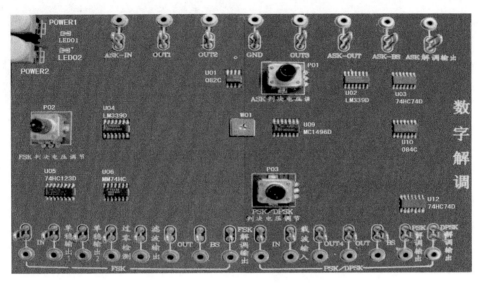

图 5.2.14　数字解调模块简图

较信号源的内阻限制较宽;④共模范围很大,为 0-$(U_{cc}-1.5\text{V})V_{\circ}$;⑤差动输入电压范围较大,大到可以等于电源电压;⑥输出端电位可灵活方便地选用。LM339 集成块采用 C-14 型封装,如图5.2.15 所示。

（3）74HC74。

74HC74 为单输入端的双 D 触发器。一个片子里封装着两个相同的 D 触发器,每个触发器只有一个 D 端,它们都带有直接置 0 端 RD 和直接置 1 端 SD,为低电平有效。CP 上升沿触发。

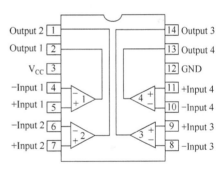

图 5.2.15　LM339 集成块的封装

第 2 部分 基于 MATLAB/Simulink 的 设计性仿真实验

MATLAB/Simulink 是一个进行动态系统建模、仿真和综合分析的集成软件包。它可以处理的系统包括线性、非线性系统；离散、连续及混合系统；单任务、多任务离散事件系统。

在 Simulink 提供的图形用户界面(GUI)上，只要进行鼠标的简单拖拉操作就可构造出复杂的通信仿真模型。它外表以方块图形式呈现，且采用分层结构。

本部分利用 MATLAB/Simulink 库强大的功能进行常见通信实验的计算机仿真，以提高通信功能设计的验证能力。

第 6 章　MATLAB/Simulink

20 世纪 70 年代,美国新墨西哥大学计算机科学系主任 Cleve Moler 为了减轻学生编程的负担,用 FORTRAN 编写了最早的 MATLAB。1984 年由 Little、Moler、Steve Bangert 合作成立的 MathWorks 公司正式把 MATLAB 推向市场。到 20 世纪 90 年代,MATLAB 已成为国际控制界的标准计算软件。

MATLAB 的名称源自 Matrix Laboratory,广泛地应用于科学计算、控制系统、信息处理等领域的分析、仿真和设计工作。

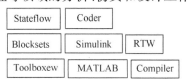

图 6.0.1　MATLAB 产品家族的构成

目前 MATLAB 产品家族如图 6.0.1 所示,共包括 Toolboxes(各应用领域工具箱)、MATLAB(第四代高科技运算语言)、Compiler(MATLAB 程序编译器)、Blocksets(各领域应用模块组)、Simulink(动态仿真工具)、RTW(Real-Time Workshop,C 代码产生工具)、Stateflow(事件驱动系统仿真工具)、Coder(Stateflow C 代码产生工具)8 部分,可以用来进行数值分析、数值和符号计算、工程与科学绘图、控制系统的设计与仿真、数字图像处理、数字信号处理、通信系统设计与仿真和财务与金融工程。

Simulink 是 MathWorks 公司开发的用于动态系统和嵌入式系统的多领域仿真和基于模型的设计工具,常集成于 MathWorks 公司的另一产品 MATLAB 中与之配合使用。

Simulink 提供了一个交互式的图形化环境及可定制模块库(Library),可对各种时变系统,如通信、控制、信号处理、视频处理和图像处理系统等进行设计、仿真、执行和测试。

Simulink 是 MATLAB 软件的扩展,它是实现动态系统建模和仿真的一个软件包,它与 MATLAB 语言的主要区别在于,其与用户交互接口是基于 Windows 的模型化图形输入,其结果是使得用户可以把更多的精力投入系统模型的构建,而非语言的编程上。

Simulink 是 MATLAB 的重要工具箱之一,是用来可视化实现系统级建模与动态仿真的有效工作平台。在目前计算机应用日益显露出来的模型化、模块化的趋势下,Simulink 得到了很多人的青睐。MATLAB 版本如表 6.0.1 所示。

表 6.0.1　MATLAB 版本

版本	建造编号	发布时间
MATLAB 1.0		1984
MATLAB 4.2c	R7	1994
MATLAB 7	R14(Simulink 6.0)	2004
MATLAB 7.2	R2006a	2006
MATLAB 7.3	R2006b(Simulink 6.5)	2006
MATLAB 7.8	R2009a	2009.03.06
MATLAB 7.12	R2011a	2011.04.08
MATLAB 7.14	R2012a	2012.03.01
MATLAB 8.1	R2013a	2013.03.06
MATLAB 8.2	R2013b	2013.09.09

本部分实验采用的是 MATLAB 2009a(版本 7.8)，Simulink 6.5，可以使用 SimState 功能保存、还原和重新启动整个仿真状态，可以保存 Simulink 剖析器的结果以供后期查看。

6.1　Simulink　家　族

在 Command Window 输入命令：simulink，如图 6.1.1 所示及图 6.1.2 所示。在图 6.1.2 左侧的树型结构中，可以看出 simulink 库共包含 43 个应用模块和工具箱。

图 6.1.1　Commad Window

图 6.1.2　Simulink 库

6.2　Simulink 建模仿真的基本过程

MATLAB 中的 Simulink 主要是面向通信和控制的动态系统仿真。建模的基本过程是：执行 File→New→Model 命令就可建立一个新模型，如图 6.2.1 及图 6.2.2 所示。这里作为示例，在图 6.2.2 的接口中创建一个高斯噪声的模型（详细步骤见第 7 章 7.3 节实验 1），如图 6.2.3 所示，单击"运行"按钮，或在 Simulink 菜单中选择 Start，就可进行仿真，看到仿真结果。

图 6.2.1　新建仿真模型　　　　　　　　　　　　　　图 6.2.2　建模接口

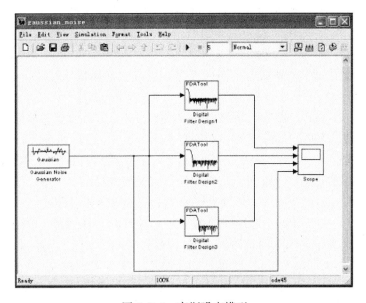

图 6.2.3　高斯噪声模型

第7章 通信信道

7.1 概　述

信道(Channel),通俗地说,是指以传输媒质为基础的信号通路。具体地说,信道是指由有线或无线电线路提供的信号通路。信道的作用是传输信号,它提供一段频带让信号通过,同时又给信号加以限制和损害,如图7.1.1所示。

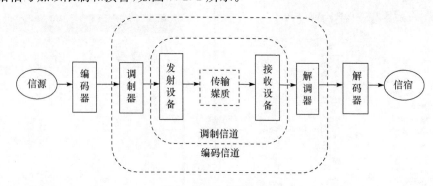

图 7.1.1　信道划分

由信道的定义可看出,信道可大体分成两类:狭义信道和广义信道。

1. 狭义信道

狭义信道通常按具体媒介的不同类型可分为有线信道和无线信道。

1) 有线信道

有线信道是指传输媒介为双绞线、对称电缆、同轴电缆、光缆及波导等能够看得见的媒介。有线信道是现代通信网中最常用的信道之一。例如,对称电缆(又称电话电缆)广泛应用于(市内)近程传输。

(1) 双绞线(TwistPair,TP)是网络中最常用的一种传输介质。它是由两根具有绝缘保护的铜导线按一定规则绞合而成的,双绞线可分为屏蔽双绞线(STP)和非屏蔽双绞线(UTP)。双绞线既可以传输模拟信号,也可以传输数字信号,适用于短距离信息传输。双绞线的主要特点是价格低、安装方便,但抗高频干扰能力较低。

(2) 同轴电缆(Coaxial Cable)是目前局域网中最常用的传输介质之一。它由内外两个导体组成,内导体是一根实心铜线,用于传输信号,外导体织成网状,主要用于屏蔽电磁干扰和辐射。网络中使用的同轴电缆有两种类型:50Ω 和 75Ω。75Ω 的同轴电缆就是公用电视系统 CATV 中使用的同轴电缆,也称为 CATV 电缆。根据同轴电缆直径的不同,50Ω 的同轴电缆又分为粗同轴电缆(简称粗缆)和细同轴电缆(简称细缆),粗缆抗干扰性能好,传输距离远;细缆价格便宜,但传输距离较近。

(3) 光纤的全称是光导纤维(Optical Fiber),又称光缆,是当前计算机网络所使用的传输介质中发展最为迅速的一种。光纤是一种能够传导光线的、极细而又柔软的通信媒体,一根或多根光纤组合在一起形成光缆,光缆还包括一层吸收光线的外壳。光缆的优点是频带极宽、传输容量大、传输速率高、误码率很小、抗干扰能力强、数据保密性好、传输距离远,但也存在着价格较贵、安装困难等缺点。

2) 无线信道

无线信道的传输媒质比较多,它包括短波电离层反射、对流层散射等。可以这样认为,凡不属于有线信道的媒质均为无线信道的媒质。无线信道的传输特性没有有线信道的传输特性稳定和可靠,但无线信道具有方便、灵活、通信者可移动等优点。常见的无线信道可分为微波信道、红外和激光信道、卫星信道三种。

(1) 微波信道利用微波进行通信,是比较成熟的技术,是在对流层视线距离范围内利用无线电波进行数据传输的一种通信方式。计算机可以直接利用微波收发机进行通信,还可以通过微波中继站延长通信的距离。微波信道的传输质量比较稳定,不受雨、雾等天气条件的影响,但在方向性及保密性方面不如红外和激光信道。

(2) 红外和激光信道与微波信道一样有很强的方向性,都是沿着直线传播的;不同的是红外和激光通信把要传输的信号分别转换为红外光信号和激光信号,直接在空间传播。

(3) 卫星信道以人造卫星为微波中继站,属于散射式通信,是微波信道的特殊形式。一个同步卫星可以覆盖地球表面三分之一的地区,三个这样的卫星就可以覆盖地球上的全部通信区域。卫星信道的优点是容量大、距离远,但一次性投资大、传播延迟时间长。

2. 广义信道

广义信道通常也可分成调制信道和编码信道两种。

1) 调制信道

调制信道是从研究调制与解调的基本问题出发而构成的,它的范围是从调制器输出端到解调器输入端,从调制和解调的角度来看,只关心解调器输出的信号形式和解调器输入信号与噪声的最终特性,并不关心信号的中间变化过程。因此,定义调制信道对于研究调制与解调问题是方便和恰当的。

2) 编码信道

在数字通信系统中,如果仅着眼于编码和译码问题,则可得到另一种广义信道,即编码信道。这是因为,从编码和译码的角度看,编码器的输出仍是某一数字序列,而译码器的输入同样也是一个数字序列,它们在一般情况下是相同的数字序列。因此,从编码器输出端到译码器输入端的所有转换器及传输媒质可用一个完成数字序列变换的方框加以概括,此方框称为编码信道。

7.2　信 道 噪 声

信道噪声能够干扰通信效果,降低通信的可靠性。噪声按其产生的原因可以分为外部噪声和内部噪声。外部噪声即指系统外部干扰以电磁波或经电源串进系统内部而引起的噪声，如电气设备、天体放电现象等引起的噪声。内部噪声一般包括由光和电的基本性质引起的噪声、电器的机械运动产生的噪声、器材材料本身引起的噪声、系统内部设备电路所引起的噪声。

噪声从统计理论观点可以分为平稳和非平稳噪声两种。在实际应用中，不去追究严格的数学定义，这两种噪声可以理解为：其统计特性不随时间变化的噪声称为平稳噪声；其统计特性随时间变化而变化的称为非平稳噪声。

另外，按噪声和信号之间的关系可分为加性噪声和乘性噪声：假定信号为 $s(t)$，噪声为 $n(t)$，如果混合迭加波形是 $s(t)+n(t)$ 形式，则称此类噪声为加性噪声；如果迭加波形为 $s(t)[1+n(t)]$ 形式，则称其为乘性噪声。加性噪声虽然独立于有用信号，但它却始终存在，干扰有用信号，因而不可避免地对通信造成危害。乘性噪声随着信号的存在而存在，当信号消失后，乘性噪声也随之消失。

加性噪声的来源是很多的，它们的表现形式也多种多样。根据它们的来源不同，一般可以粗略地分为四类，即无线电噪声、工业噪声、天电噪声和内部噪声。从噪声性质来区分有单频噪声、脉冲干扰和起伏噪声。

在通信系统的理论分析中常用到的噪声有白噪声、高斯噪声、高斯型白噪声、窄带高斯噪声、正弦信号加窄带高斯噪声。

7.3　实验 1　高斯白噪声及低通滤波

1. 实验目的

(1) 认识 MATLAB/Simulink 的基本功能。

(2) 了解 Simulink 的基本图符库，并能做出简单的高斯白噪声仿真。

2. 实验内容

(1) 在本仿真模型中添加频谱示波器（Spectrum Scope），观察上述高斯白噪声及其通过滤波器后的频谱特性。

(2) 在本仿真模型中再添加一个带通滤波器，观察高斯白噪声通过带通滤波器的输出信号的时域波形和频谱特性。

(3) 尝试改进本仿真模型，计算上述各信号的功率谱并显示。

3. 仿真环境

(1) Windows XP/Windows 7。

(2) MATLAB R2009a。

4. 实验原理

1) 白噪声

白噪声是指功率谱密度在整个频域内均匀分布的噪声，即其功率谱密度为

$$P_n(\omega)=n_0/2 \tag{7.3.1}$$

式中,n_0 为常数;$-\infty < \omega < \infty$。由于 1 和 $\delta(t)$ 为一对傅里叶变换对,所以白噪声的自相关函数为

$$R_n(\tau) = \frac{n_0}{2}\delta(\tau) \tag{7.3.2}$$

由式(7.3.1)和式(7.3.2)可知,白噪声的自相关函数仅在 $\tau = 0$ 时才不为零,而对于其他任意的 τ,白噪声的自相关函数都为零,即在任意两个不同时刻上的随机变量都是不相关的。

如果一个噪声,它的幅度分布服从高斯分布,而它的功率谱密度又服从均匀分布,则称它为高斯白噪声。

高斯(Gauss)白噪声中的高斯是指概率分布是正态函数,而白噪声是指它的二阶矩不相关,一阶矩为常数,是指先后信号在时间上的相关性。

2) 随机信号通过线性时不变系统的响应

对于一个线性时不变系统(如滤波器),其由它的冲激响应 $h(t)$ 或等效地由它的频率响应 $H(f)$ 表征,这里的 $h(t)$ 和 $H(f)$ 是一对傅里叶变换对。如果令 $x(t)$ 为系统的输入信号,$y(t)$ 为输出信号,系统的输出可以表示成如下形式

$$y(t) = \int_{-\infty}^{\infty} h(\tau)x(t-\tau)\mathrm{d}\tau \tag{7.3.3}$$

如果 $x(t)$ 是平稳随机过程 $X(t)$ 的样本函数,那么 $y(t)$ 就是随机过程 $Y(t)$ 的样本函数。可以求出输出的自相关函数是

$$R_{yy}(\tau) = \int_{-\infty}^{\infty}\int_{-\infty}^{\infty} h(\alpha)h(\beta)R_{xx}(\tau+\alpha+\beta)\mathrm{d}\alpha\mathrm{d}\beta \tag{7.3.4}$$

由于知道自相关函数和功率谱密度函数是一对傅里叶变换对,所以可以得到输出过程的功率密度谱,就是相关函数的傅里叶变换

$$\Phi_{yy}(f) = \int_{-\infty}^{\infty} R_{yy}(\tau)\mathrm{e}^{-\mathrm{j}2\pi f\tau}\mathrm{d}\tau = \Phi_{xx}(f)\mid H(f)\mid^2 \tag{7.3.5}$$

由此可以看出,输出信号的功率谱密度就是输入信号的功率谱密度乘以系统的频率响应的模的平方。当输入随机过程是白噪声时,输出随机过程的自相关特性和功率密度谱将完全由系统的频率响应决定。

3) 实验方案设计

本实验采用一个高斯白噪声发生器模块来产生高斯白噪声信号,使其通过三个带宽不同的低通滤波器系统,对输出信号的时域波形进行观察和比较。

本实验的仿真模型文件名是 gaussian_noise.mdl,打开该文件可以看到如图 7.3.1 所示的仿真模型的结构图,该模型实现了白噪声(本实验中白噪声均指高斯加性白噪声)信号通过不同带宽的滤波器。图 7.3.1 中最左端是一个高斯噪声发生器发出白噪声,该白噪声信号分别通过三个滤波器(三个滤波器的名字分别是 Digital Filter Design1、Digital Filter Design2、Digital Filter Design3),这三个滤波器的带宽各不相同,最后用一个可以同时显示四路波形的示波器来观察时域信号。

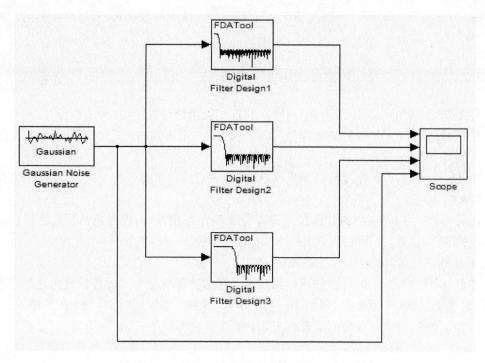

图 7.3.1　设计一个高斯白噪声及三个低通滤波器

5. 实验步骤

（1）打开 MATLAB 应用软件，如图 7.3.2 所示。

（2）在图 7.3.2 中的命令窗（Command Window）的光标处输入 simulink，回车，打开 Simulink Library Browser 界面，如图 7.3.3 所示。

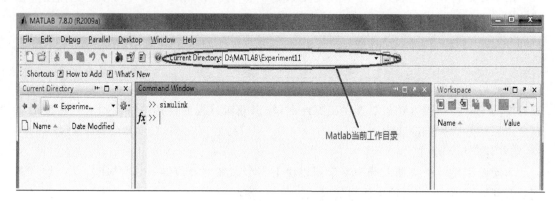

图 7.3.2　MATLAB 界面

（3）在图 7.3.2 中，执行 File→New→Model 命令新建文件，保存在 MATLAB 工作目录下，并取名为 gaussian_noise. mdl。

（4）在图 7.3.3 的 Find 命令行处输入 Gaussian Noise Generator，就在窗口的右边找到了该仿真模块图标。用鼠标右键选择该模块，将其添加到创建的 gaussian_noise 窗口中。模块操作：Ctrl＋z 逆时针转 90°，Ctrl＋r 顺时针转 90°，Ctrl＋i 转 180°。

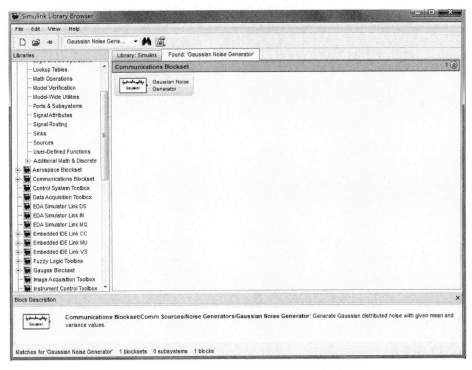

图 7.3.3 Simulnk Librany Browser 界面

（5）用相同的方法创建滤波 Digital Filter Design 和示波器 Scope,观察每个设备的连接点,用鼠标左键把设备连接起来,如图 7.3.4(a)所示。Scope 的四路输入可双击该图标,找到 Scope parameters 设置窗口,将 Number of axes 项设为 4,如图 7.3.4(b)所示。

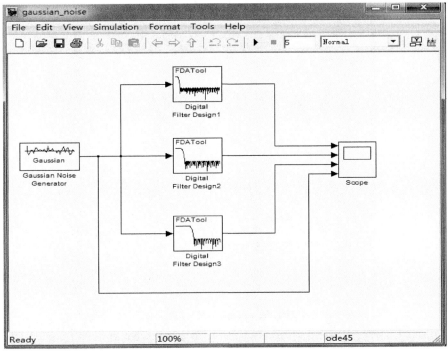

(a)

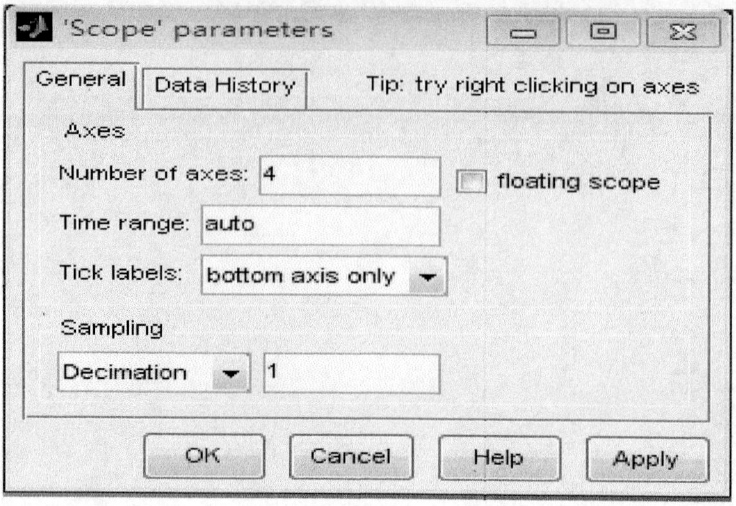

(b)

图 7.3.4　一个 Gaussian Noise 与三个低通滤波器的 Simulink 设计以及 Scope 参数设置

（6）单击选中 Gaussian Noise Generator，再右击进行高斯噪声产生器参数设置，如图 7.3.5 所示。

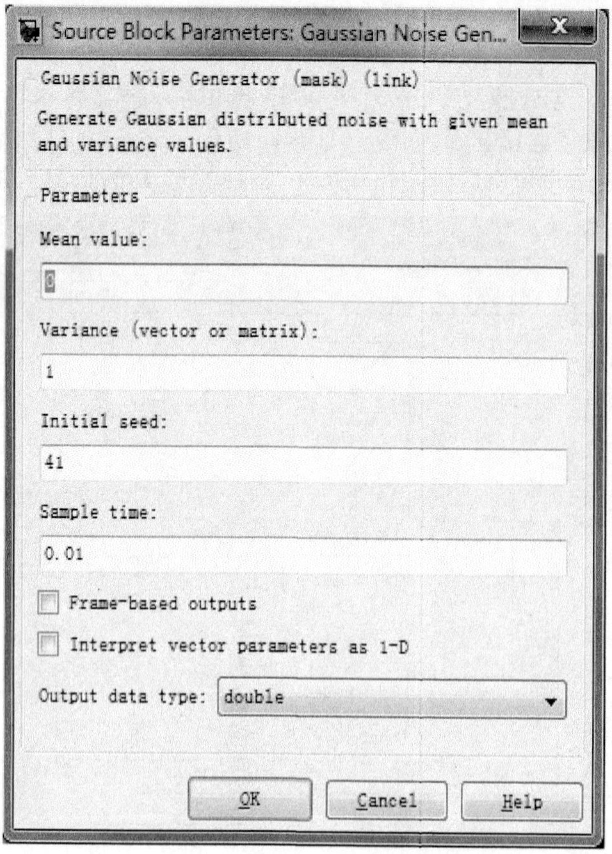

图 7.3.5　Gaussian Noise Generator 参数设置

（7）同样的方法设置滤波器 Digital Filter Design1 的参数，如图 7.3.6 所示。利用此法,按需求分别设置其他模块的参数如图 7.3.7 和图 7.3.8 所示。

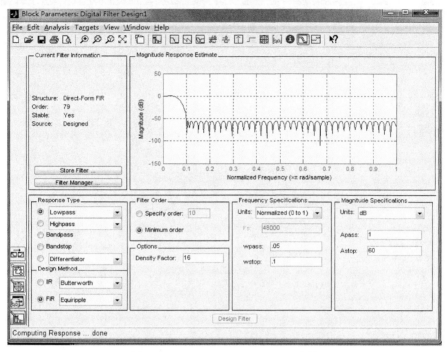

图 7.3.6 Digital Filter Design1 参数

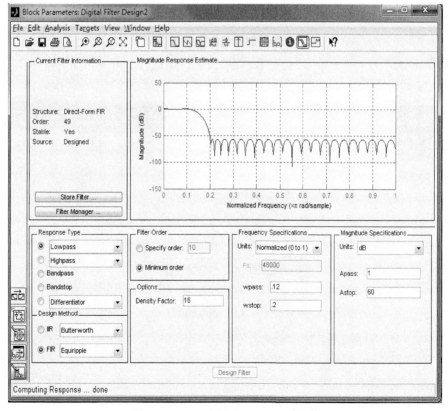

图 7.3.7 Digital Filter Design2 参数

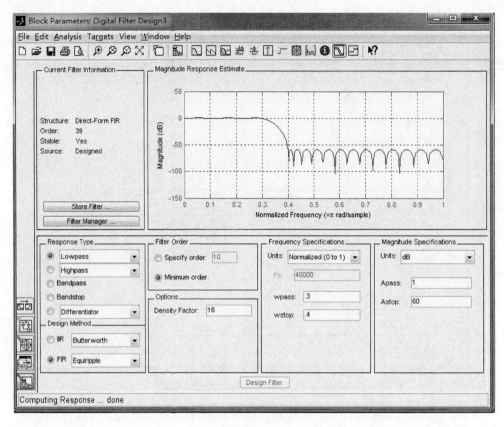

图 7.3.8　Digital Filter Design3 参数

（8）单击如图 7.3.9 中的"运行仿真模型"按钮可以运行 gaussian_noise. mdl，运行结束后，双击示波器模块（Scope）可以打开仿真结果波形。

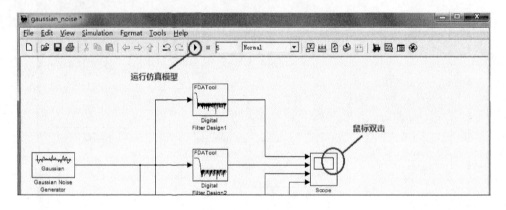

图 7.3.9　设计仿真

6. 实验结果

该模型仿真后在 Scope 中看到的波形如图 7.3.10 所示。图 7.3.10 中从上到下的三个波形分别是高斯白噪声通过系统频宽最窄、系统频宽适中、系统频宽最宽的滤波器后的时域波形;而最后一个则是原始的高斯白噪声信号的时域波形。可以看到原始的白噪声信号中相邻采样点之间也相互独立,没有相关性,经过低通滤波器之后,相邻样点之间存在明显的相关性,而且滤波器带宽越窄,相关性越强,符合实验原理。

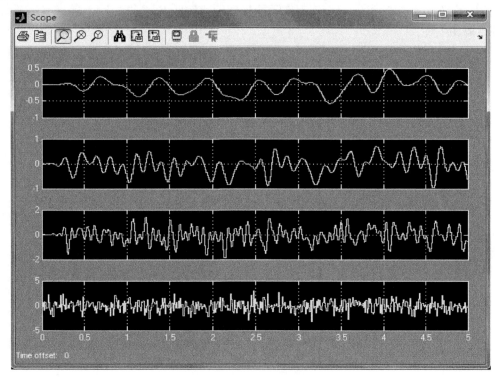

图 7.3.10　Scope 显示的波形

如果 Scope 的初始坐标设置不方便观察模型,可以右击曲线,并选择 Autoscale 功能显示完整的仿真曲线,然后再用 Zoom 按钮调节曲线的显示,如图 7.3.11 所示。

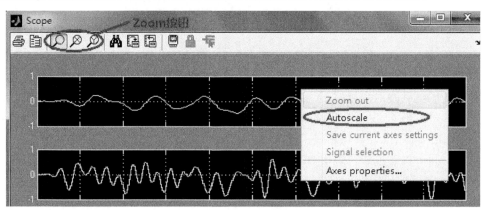

图 7.3.11　使用 Autoscale 功能显示完整的仿真曲线

7. 思考及练习

(1) 综述你所了解的 Digital Filter Design 和 Scope 模块的功能。

提要 此题有多种解答,只需相关表述正确即可。例如,Digital Filter Design 模块为数字滤波器模块,current filter information 选项区域显示的信息为当前滤波器的过滤信息,response type 选项区域可以选择滤波器的功能类型等。

(2) 重新设置滤波器的参数,观察在不同带宽的滤波器下,高斯白噪声通过滤波器后相邻样点的相关性。

提要 经过低通滤波器之后,相邻样点之间存在明显的相关性,而且滤波器带宽越窄,相关性越强。

7.4 实验 2 多径衰落信道

1. 实验目的

(1) 认识 MATLAB/Simulink 的基本功能。
(2) 理解无线多径衰落信道的特征及其产生机理。
(3) 观察恒定包络信号通过多径衰落信道后的信号幅值,加深对多径衰落信道的认识和理解。

2. 实验内容

(1) 在本仿真模型中改变信宿的移动速度、载波频率来观察仿真结果的变化。
(2) 将输入信号改为随机二进制数据码元序列,观察信道的输出信号。
(3) 在本仿真模型基础上,添加一个直达波来仿真莱斯多径衰落信道,观察信道的输出信号。

3. 仿真环境

(1) Windows XP/Windows 7。
(2) MATLAB R2009a。

4. 实验原理

在通信系统中,由于通信地面站天线波束较宽,受地物、地貌和海况等诸多因素的影响,接收机收到经折射、反射和直射等几条路径到达的电磁波,这种现象就是多径效应。这些不同路径到达的电磁波射线相位不一致且具有时变性,导致接收信号呈衰落状态;这些电磁波射线到达的时延不同,又导致码间干扰。若多射线强度较大,且时延差不能忽略,则会产生误码,这种误码靠增加发射功率是不能消除的,而由此多径效应产生的衰落叫多径衰落,它也是产生码间干扰的根源。对于数字通信、雷达最佳检测等都会产生十分严重的影响。

1) 多径衰落信道模型

多径衰落信道模型假设信宿接收的信号是发送信号经过多条路径传输后信号的叠加结果。其中每条传输路径信号具有独立的信号幅度、延迟,因此,接收信号可表示为

$$r(t) = \sum_n \alpha_n(t) S(t - \tau_n(t))$$
$$= \text{Re}\left\{ \left[\sum_n \alpha(t) g(t - \tau_n(t)) \right] e^{j\omega_c(t - \tau_n(t))} \right\}$$

$$= \text{Re}\left\{\left[\sum_n \alpha_n(t)\mathrm{e}^{-\mathrm{j}\omega_c\tau_n(t)} g(t-\tau_n(t))\right]\mathrm{e}^{\mathrm{j}\omega_c t}\right\} \tag{7.4.1}$$

式中,n 对应第 n 条路径;$g(t)$ 为信号包络;$\tau_n(t)$ 为第 n 条路径在 t 时刻的延迟;$\omega_c=2\pi f_c$ 为载波角频率;$\sum_n \alpha_n(t)\mathrm{e}^{-\mathrm{j}\omega_c\tau_n(t)} g(t-\tau_n(t))$ 表示接收信号的等效基带信号,记为 $Z(t)$,实验中对该信号进行仿真。

2) 简化模型

下面对式(7.4.1)的模型进行简化,并对该简化模型进行仿真。实验目的仅仅是观察多路径衰落对信号幅度的影响,与具体信号无关,所以可以假设发送的是等幅载波信号,即 $g(t)=1$,则 $Z(t)$ 简化为

$$Z(t) = \sum_n \alpha_n(t)\mathrm{e}^{-\mathrm{j}\omega_c\tau_n(t)} \tag{7.4.2}$$

$\alpha_n(t)$ 在一个较短时间内基本不发生变化,可假设其为常数,即 $\alpha_n(t)=\alpha_n$,下面讨论 $\tau_n(t)$。假设 $\tau_n(t)$ 的变化主要由信宿的移动引起,那么在 t_0 时刻附近,对 $\tau_n(t)$ 可做如下近似

$$\tau_n(t)\approx\tau_n(t_0)+\nu\cos\theta_n(t-t_0)/c \tag{7.4.3}$$

式中,ν 为 t_0 时刻信宿的移动速度;θ_n 为第 n 条路径信号 t_0 时刻信宿的入射角;c 为光速;$\nu\cos\theta_n$ 为第 n 条路径长度随时间变化的斜率;$\nu\cos\theta_n(t-t_0)/c$ 为路径 n 的时间延迟相对于 t_0 时刻的变化,那么

$$\begin{aligned}\omega_c\tau_n(t)&=2\pi f_c[\tau_n(t_n)+\nu\cos\theta_n(t-t_0)/c]\\&=(2\pi f_c\nu/c)\cos\theta_n t+2\pi f_c[\tau_n(t_0)-(\nu/c)\cos\theta_n t_0]\\&=\omega_m\cos\theta_n t+\varphi_n\end{aligned} \tag{7.4.4}$$

式中,$w_m=2\pi f_c\nu/c$ 为最大多普勒频移;$\varphi_n=2\pi f_c[\tau_n(t_0)-(\nu/c)\cos\theta_n t_0]$ 对应 t_0 时刻的初始相位。

综合上述简化,可以得到

$$Z(t) = \sum_n \alpha_n(t)\mathrm{e}^{-\mathrm{j}(\omega_m\cos\theta_n t+\varphi_n)} \tag{7.4.5}$$

在假设反射路径均匀分布的情况下,φ_n 和 θ_n 均为 0-2π 上的均匀分布随机变量。另外对于 α_n,处于简化考虑假设其为 0-1 的均匀分布。各条传输路径的 α_n、θ_n 和 φ_n 是独立的,与其他传输路径不相关。

3) 实验方案设计

本实验的仿真模型文件名是 multipath_fading. mdl,打开该文件可以看到如图 7.4.1 所示的仿真模型结构。整个仿真系统可以分为三个主要的部分:第一部分在图 7.4.1 的左部,主要完成最大多普勒频移的计算、时间 t 的计算和产生输入信号;第二部分是传输路径的计算,仿真了总共 40 条独立传输路径;第三部分将 40 条传输路径的信号进行累加,并统计总的信号幅值和作图。

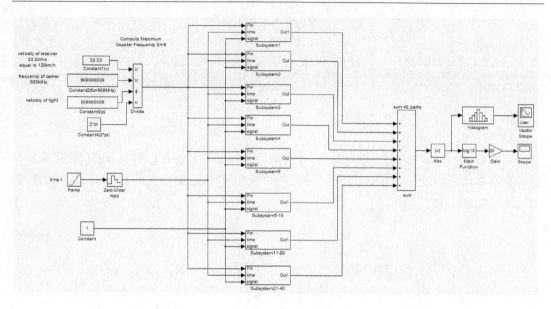

图 7.4.1　仿真模型结构图

5. 实验步骤

(1) 打开 MATLAB 应用软件,如图 7.4.2 所示。

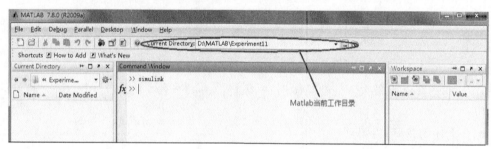

图 7.4.2　MATLAB 界面

(2) 在图 7.4.2 中的 Command Window 的光标处输入 simulink,回车。

(3) 在图 7.4.2 中,执行 File→New→Model 命令新建文件,保存在 MATLAB 工作目录下,并取名为 multipath_fading. mdl。

(4) 在 Find 命令行处输入 Ramp,就在窗口的右边找到了该仿真模块图标。用鼠标右键选择该模块,将其添加到创建的 multipath_fading 窗口中。

(5) 用相同的方法创建零阶保持模块(Zero-Order Hold)、数学函数模块(Math Function)、子系统模块(Subsystem)、直方图(Histogram)和矢量示波器(Vector Scope)等,观察每个设备的连接点,用鼠标左键把设备连接起来,如图 7.4.1 所示。

(6) 进行参数设置。

① 最大多普勒频移的计算、时间 t 的计算、输入信号。

如图 7.4.3 及图 7.4.4 所示,该部分实现了最大多普勒频移的计算: $\omega_m = 2\pi\nu f_c/c$。其中载波频率 $f_c = 900\mathrm{MHz}$,光速 $c = 3\times10^8\mathrm{m/s}$,信宿的移动速度 ν 取 33.33m/s(相当于

120km/h)。而仿真计算中用到的时间 t 通过一个零阶采样保持器对一个斜率为 1 的斜坡函数进行采样，可按照后续模块需要的采样速率得到时间 t。根据实验原理的简化假设，输入信号固定为 1。在空白处双击，可输入文字对模块进行说明。

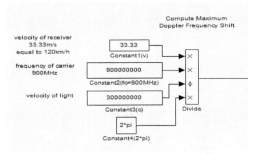

图 7.4.3　最大多普勒频移的计算

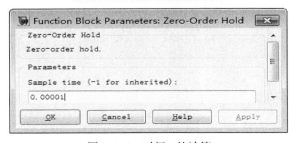

图 7.4.4　时间 t 的计算

② 无线传输路径的仿真。

如图 7.4.5 所示，路径的入射角度常数 θ_n（图 7.4.5 中 Angle 模块）设为 0-2π 上的随机值，初始相位常数 φ_n（图 7.4.5 中的 Constant(Phase)模块）设为 0-2π 的随机值，路径的增益 α_n（图 7.4.5 中的 Gainl 模块）设为 0-1 的随机值。输入信号为常数 1，表示输入信号复包络为 1。

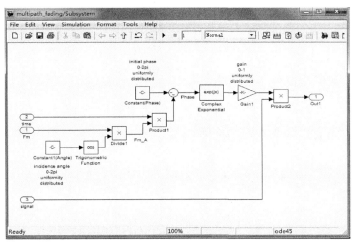

(a)

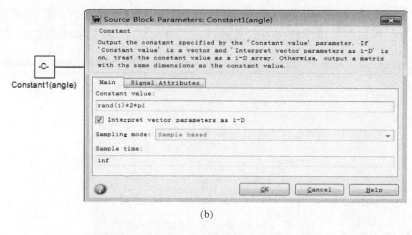

(b)

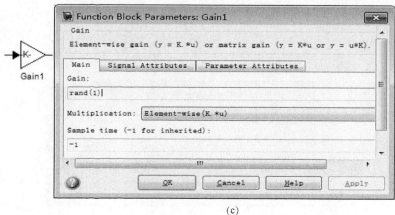

(c)

图 7.4.5　每条无线路径的仿真模型

③求和、统计和显示。

如图 7.4.6 所示,该部分实现了 40 条路径的复包络求和,将求和之后的信号幅值取绝对值,然后一起送去直方图统计,并显示其直方图;另一支路换算成 dB 单位,并显示其时域波形。

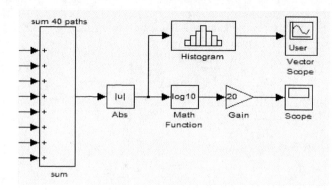

图 7.4.6　求和、统计和显示

(7) 单击"运行仿真模型"按钮即可运行 multipath_fading. mdl,观察实验结果。

6. 实验结果

运行 multipath_fading. mdl,可以得到以下的仿真结果。图 7.4.7 显示了仿真 1s 得到的时域波形,该时域波形反映了信号经过多径衰落信道传输,1s 内信宿接收到的信号幅值的变化情况。可以看到信号幅值随时间发生剧烈变化(衰落),最高幅值和最低幅值之间相差超过了 40dB。

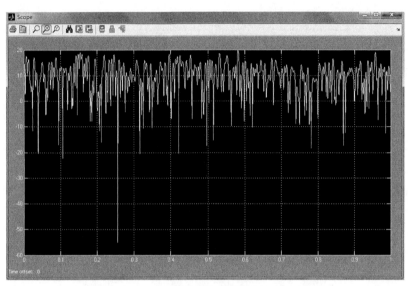

图 7.4.7　经过多径衰落信道接收到的信号幅值

经过局部放大,可以看到如图 7.4.8 所示的细节。从图 7.4.8 可以看到信号幅值的波

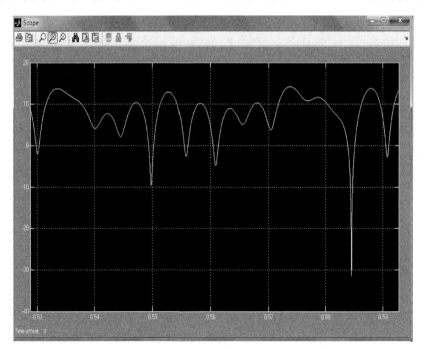

图 7.4.8　图 7.4.7 的局部

动具有一定的周期规律,相邻的深衰落之间的时间间隔比较稳定,经过测量大致是 0.006s,对应 33.33m/s 的信宿移动速度,信宿大致移动了 20cm,对应 900MHz 的载波频率,20cm 大致相当于 1/2 波长。

恒定幅度信号经过多径衰落信道后幅值统计结果如图 7.4.9 所示。

图 7.4.9　直方图统计结果

7. 思考及练习

(1) 综述无线多径衰落信道的特征及其产生机理。

提要　在通信系统中,由于通信地面站天线波束较宽,受地物、地貌和海况等诸多因素的影响,接收机收到经折射、反射和直射等几条路径到达的电磁波,这种现象就是多径效应。这些不同路径到达的电磁波射线相位不一致且具有时变性,导致接收信号呈衰落状态;这些电磁波射线到达的时延不同,又导致码间干扰。若多射线强度较大,且时延差不能忽略,则会产生误码,这种误码靠增加发射功率是不能消除的,而由此多径效应产生的衰落叫多径衰落,它也是产生码间干扰的根源。

(2) 分析仿真中各模块的作用并结合实验内容得出相关结果,综述你的见解。

提要　仿真模型中左上角四个 Constant 模块以及一个 Divide 模块实现了最大多普勒频移的计算,即 $\omega_m = 2\pi\nu f_c/c$。Constant1 为信宿的移动速度 ν 取 33.33m/s,Constant2 为载波频率 $f_c = 900$MHz,Constant3 为光速 $c = 3 \times 10^8$m/s,Constant4 为 2π,Divide 模块实现了以上数据的乘除;Ramp 模块为一个斜率为 1 的斜坡函数和 Zero-Order Hold 模块为一个零阶采样保持器,这两个模块可以按照后续模块需要的采样速率得到时间 t;每一个 Subsystem 模块中,都是一个无线路径的仿真模型,最后通过 Sum 模块求和再经 Abs 模块、Math Function 模块、Gain 模块、Scope 模块和 Histogram 模块、Vector Scope 模块进行统计和显示功能的实现。

仿真结果的时域波形反映了信号经过多径衰落信道传输,1s 内信宿接收到的信号幅值的变化情况。可以看到信号幅值随时间发生剧烈变化,即衰落,最高幅值和最低幅值之间相差超过了 40dB。经局部放大可以看到信号幅值的波动具有一定的周期规律,相邻的深衰落之间的时间间隔比较稳定,经过测量大致是 0.006s,对应 33.33m/s 的信宿移动速度,信宿大致移动了 20cm,对应 900MHz 的载波频率,20cm 大致相当于 1/2 波长。

第8章 信源编码

8.1 概 述

信源编码是对输入信息进行编码,优化信息和压缩信息并且打成符合标准的数据包。信源编码的作用之一是设法减少码元数目和降低码元速率,即通常所说的数据压缩;作用之二是将信源的模拟信号转化成数字信号,以实现模拟信号的数字化传输。

信源编码的主要作用是在保证通信质量的前提下,尽可能通过对信源的压缩,提高通信时的有效性;就是让通信变得更加有效率,以更少的符号来表示原始信息,所以减少了信源的剩余度。

最原始的信源编码就是莫尔斯电码,另外还有 ASCII 码和电报码都是信源编码。但现代通信应用中常见的信源编码方式有 Huffman 编码、算术编码、L-Z 编码,这三种都是无损编码,另外还有一些有损的编码方式。信源编码的目标就是使信源减少冗余,更加有效、经济地传输,最常见的应用形式就是压缩。另外,在数字电视领域,信源编码包括通用的 MPEG-2 编码和 H. 264(MPEG-Part10 AVC)编码等。

信道编码的主要作用是通过对做完信源编码后的信息加入冗余信息,使得接收方在收到信号后,可通过信道编码中的冗余信息,进行前向纠错,保证通信的可靠性。举个例子,要运一批碗到外地,首先在装箱的时候,将碗摞在一起,这就类似信源编码,压缩以便更加有效率。然后在箱子中的空隙填上报纸、泡沫做保护,就像信道编码,保证可靠。

8.2 常见语音编码标准

1)波形编码

波形编码是最简单也是应用最早的语音编码方法。最基本的一种波形编码就是 PCM 编码,如 G. 711 建议中的 A 律或 μ 律。APCM、DPCM 和 ADPCM 也属于波形编码的范畴,使用这些技术的标准有 G. 721、G. 726、G. 727 等。波形编码具有实施简单、性能优良的特点,不足是编码带宽往往很难再进一步下降。

2)预测编码

语音信号是非平稳信号,但在短时间段内(一般是 30ms)具有平稳信号的特点,因而对语音信号幅度进行预测编码是一种很自然的做法。最简单的预测是相邻两个样点间求差分,编码差分信号,如 G. 721。但更广为应用的是语音信号的线性预测编码(LPC)。几乎所有的基于语音信号产生的全极点模型的参数编码器都要用到 LPC,如 G. 728、G. 729、G. 723. 1 建议。

3)参数编码

参数编码是建立在人类语音产生的全极点模型的理论上,参数编码器传输的编码参数也就是全极点模型的参数:基频、线谱对、增益。对语音来说,参数编码器的编码效率最高,但对音频信号,参数编码器就不太合适。典型的参数编码器有 LPC-10、LPC-10E,当然,G.729、G.723.1 以及 CELP(FS-1016)等码本激励声码器都离不开参数编码。

4)变换编码

一般认为变换编码在语音信号中作用不是很大,但在音频信号中它却是主要的压缩方法。例如,MPEG 伴音压缩算法(含著名的 MP3)用到 FFT、MDCT 变换,AC-3 杜比立体声也用到 MDCT,G.722.1 建议中采用了 MLT 变换。在近年来出现的低速率语音编码算法中,STC(正弦变换编码)和 WI(波形插值)占有重要的位置,小波变换和 Gabor 变换在其中有用武之地。

5)子带编码

子带编码一般和波形编码结合使用,如 G.722 使用的是 SB-ADPCM 技术。但子带的划分更多是对频域系数的划分(这可以更好地利用低频带比高频带感觉重要的特点),故子带编码中,往往先要应用某种变换方法得到频域系数,在 G.722.1 中使用 MLT 变换,系数划分为 16 个子带;MPEG 伴音中用 FFT 或 MDCT 变换,划分的子带多达 32 个。

6)统计编码

统计编码在图像编码中大量应用,但在语音编码中出于对编码器整体性能的考虑(变长编码易引起误码扩散),很少使用。对存在统计冗余的信号来说,统计编码确实可以大大提高编码的效率,所以,近年来出现的音频编码算法中,统计编码又重新得到了重视。MPEG 伴音和 G.722.1 建议中采纳了霍夫曼变长编码。

8.3　实验 3　DPCM 语音编码

1. 实验目的

(1) 认识 MATLAB/Simulink 的基本功能。

(2) 体验增量调制的效果并加深对 ΔM 原理的理解。

(3) 了解 Simulink 的基本图符库,并能做出增量调制(ΔM)语音编码仿真。

2. 实验内容

(1) 在本仿真模型中更改 Gain 模块的增益大小来感觉语音音质的变化。

(2) 尝试改进本仿真模型,提高对语音信号的采样频率(ΔM 调制的时钟频率),观察语音音质的变化。

(3) 参考本仿真模型,尝试建立 PCM 编码,解码模型。

3. 仿真环境

(1) Windows XP/Windows 7。

(2) MATLAB R2009a。

4. 实验原理

1) ΔM 的发端及收端

增量调制每时刻只输出 1bit 的编码,该比特不是表示采样值的大小,而是表示采样时刻波形的变化趋势。ΔM 发端电路如图 8.3.1 所示。

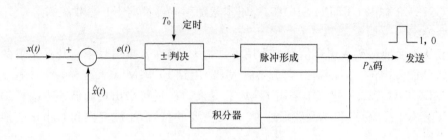

图 8.3.1　ΔM 发端电路

由此可以看出,增量调制相当于 DPCM 的一种特例,它的量化器为 2 电平(1bit)量化,而预测器是一阶预测器。

ΔM 收端的原理图如图 8.3.2 所示。

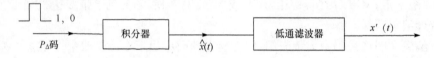

图 8.3.2　ΔM 收端的原理图

ΔM 收端系统结构简单,由一个积分器和一个低通滤波器构成。其中积分器用来根据收到的脉冲信号还原出逼近原始信号的阶段波,而低通滤波器能滤除阶梯波上的高频分量。

2) 实验方案设计

本实验的仿真模型文件名是 deltaM. mdl,语音数据文件用 dianzi. wav,这两个文件需要放在同一个目录下。打开 deltaM. mdl,可以看到如图 8.3.3 所示的增量调制收发系统的整体模型。系统分成发端和收端两部分,系统在语音文件中读取语音数据并送入 ΔM 调制模块,ΔM 调制结果再送入收端模块,最后送入语音输出设备。

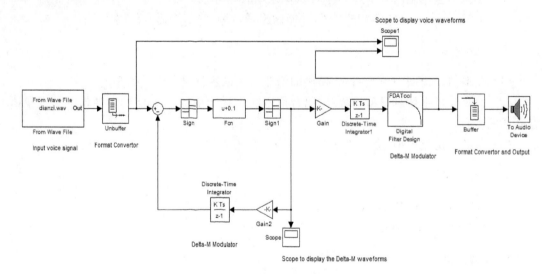

图 8.3.3　增量调制系统总体架构图

5. 实验步骤

(1) 打开 MATLAB 应用软件,如图 8.3.4 所示。

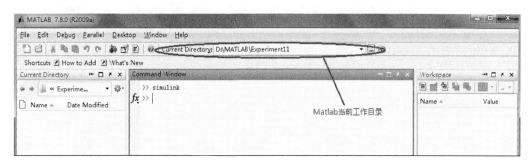

图 8.3.4 MATLAB 界面

(2) 在图 8.3.4 中的中间的 Command Window 的光标处输入 simulink,回车。

(3) 在图 8.3.4 中,执行 File→New→Model 命令新建文件,保存在 MATLAB 工作目录下,并取名为 deltaM. mdl。

(4) 在 Find 命令行处输入 Unbuffer,就在窗口的右边找到了该仿真模块图标。用鼠标右键选择该模块,将其添加到创建的 delta-M 窗口中。

(5) 用相同的方法创建符号函数(Sign)、通用表达式计算模块(Fcn)、离散时间域积分器(Discrete-Time Integrator)、缓存模块(Buffer)和语音输出设备(To Audio Device)等,观察每个设备的连接点,用鼠标左键把设备连接起来,如图 8.3.3 所示。

(6) 单击"运行仿真模型"按钮即可运行 deltaM. mdl,观察实验结果。

(7) 注意。

① 增量调制发端。

该子系统完成信号的 ΔM 调制,其仿真模型如图 8.3.5 所示。调制模块使用 From Wave File 模块从 wav 文件中读取语音信号。ΔM 调制(编码)模块是一个负反馈系统,由量化器和积分器组成。

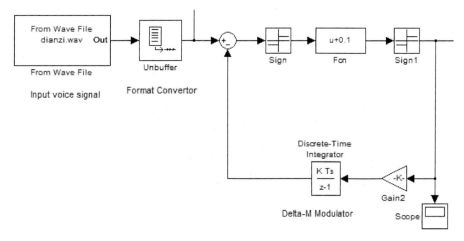

图 8.3.5 ΔM 发端的仿真模型

需要注意的是,量化器由两个 Sign 函数模块和一个 u+0.1 表达式计算模块构成。这样做的原因是,Sign 函数输入 0 的时候输出为 0,而增量调制编码只输出+1、-1两种状态。也就是不允许有 0 状态存在。通过串联以上 3 个模块可以保证调制结果只有+1 和-1两种状态。另外积分器前的增益模块决定了 ΔM 系统能适应的最大信号斜率。

② 增量调制收端。

ΔM 收端的仿真模型如图 8.3.6 所示。该部分与 ΔM 发端有相同的积分器,用于还原出逼近原始语音信号的阶梯波,经过低通滤波器滤去由于量化阶段引起的高频噪声,从而还原语音信号。最后将还原后的信号送入语音输出设备。

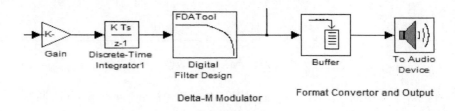

图 8.3.6　　ΔM 收端的仿真模型

6. 实验结果

运行 DeltaM. mdl 可以得到以下的仿真结果。如图 8.3.7 所示,经过增量调制后输出为+1、-1的差值脉冲编码。ΔM 收端输出阶梯波形如图 8.3.8 所示。

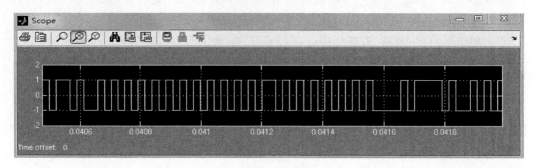

图 8.3.7　　ΔM 发端输出波形

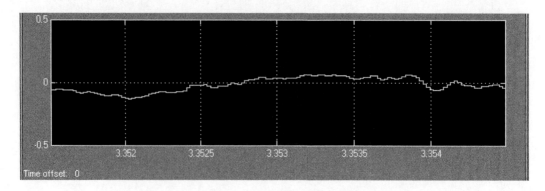

图 8.3.8　　ΔM 收端输出阶梯波形

图 8.3.9 中,上方波形为原始语音信号波形,下方为经 ΔM 调制解调后还原的语音信号波形,可以看出,两个波形大致相同。因为 ΔM 调制解调的影响,语音波形存在一定程度的失真。

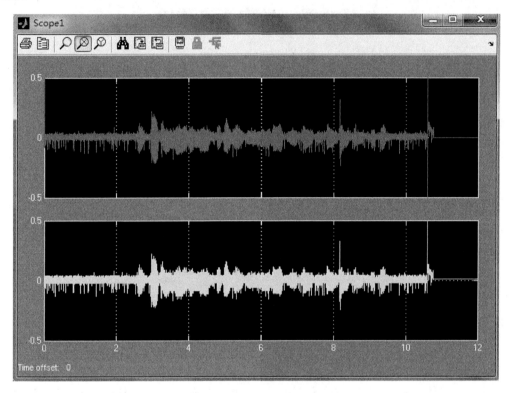

图 8.3.9　ΔM 前后语音波形比较

还可以通过耳机听到还原的语音,能感觉到 ΔM 调制解调对语音音质的影响。因为本仿真在 ΔM 调制时采用的采样频率(时钟频率)是 24kHz,所以 ΔM 调制之后的数据速率是 24Kbit/s,量化噪声对音质的影响较大。需要注意的是,在仿真的同时如果打开示波器显示,将大大降低仿真速度,为了在仿真的同时听到连续的语音信号,可能就需要在仿真过程中关闭示波器的显示。

7. 思考及练习

通过更改 Gain 模块的增益大小,感受语音音质的变化。总结分析影响语音音质的原因,并提出改进方案。

提要　Gain 模块的值越大,所得音频的音质越高,但噪声也随之变大。ΔM 调制解调对语音音质的影响之中,主要是量化噪声对音质的影响,可以通过尝试建立 PCM 编码、解码模型,提升对音质的需求。

第9章 数字基带传输

9.1 概　　述

模拟信号经过信源编码得到的信号为数字基带信号,在某些有线信道中,特别是传输距离不远的情况下,将这种信号经过码型变换,不经过调制,直接送到信道传输,称为数字信号的基带传输。

1) 基带传输系统的组成

基带传输系统的组成框图如图 9.1.1 所示。它主要由码波形变换器、发送滤波器、信道、接收滤波器、均衡器和取样判决器等 5 个功能电路组成。

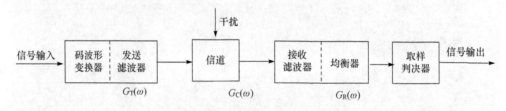

图 9.1.1　基带传输模型

基带传输系统的输入信号是由终端设备编码器产生的脉冲序列,为了使这种脉冲序列适合于信道的传输,一般要经过码型变换器,码型变换器把二进制脉冲序列变为双极性码(如 AMI 码或 HDB$_3$ 码),有时还要进行波形变换,使信号在基带传输系统内减小码间干扰。当信号经过信道时,由于信道特性不理想及噪声的干扰,信号受到干扰而变形。在接收端为了减小噪声的影响,首先使信号进入接收滤波器,然后再经过均衡器,校正由于信道特性(包括接收滤波器在内)不理想而产生的波形失真或码间串扰。最后在取样定时脉冲到来时,进行判决以恢复基带数字码脉冲。

2) 数字基带信号传输码型的要求

(1) 有利于提高系统的频带利用率。

(2) 基带信号应不含直流分量,同时低频分量要尽量少,因为由于变压器的接入,信道具有低频截止特性。

(3) 考虑到码型频谱中高频分量的影响,电缆中线对间由于电磁辐射而引起的串话随频率升高而加剧,会限制信号的传输距离或传输容量。

(4) 基带信号应具有足够大的定时信号供提取。

(5) 基带信号的传输码型应具有误码检测能力。

(6) 码型变换设备简单,容易实现。

3) 常用的基带传输码型

常见的传输码型有 NRZ 码、RZ 码、AMI 码、HDB$_3$ 码及 CMI 码,其中最适合基带传输的码型是 HDB$_3$ 码。另外,AMI 码也是 CCITT 建议采用的基带传输码型,但其缺点是当长连 0 过多时,对定时信号提取不利。CMI 码一般作为四次群的接口码型。

4) 数字信号传输的基本准则

(1) 奈奎斯特第一准则。

如何才能保证信号在传输时不出现或少出现码间干扰,这是关系到信号可靠传输的一个关键问题。奈奎斯特对此进行了研究,提出了不出现码间干扰的条件:当码元间隔 T 的数字信号在某一理想低通信道中传输时,若信号的传输速率为 $R_b = 2f_c$(f_c 为理想低通截止频率),各码元的间隔 $T = 1/2f_c$,则此时在码元响应的最大值处将不产生码间干扰,且信道的频带利用率达到极限,为 $2(b/s) \cdot Hz$。上述条件是传输数字信号的一个重要准则,通常称为奈奎斯特第一准则。即传输数字信号所要求的信道带宽应是该信号传输速率的一半

$$BW = f_c = R_b/2 = 1/2T \tag{9.1.1}$$

当满足这一条件时,其他码元的拖尾振幅在对应于某一码元响应的最大值处刚好为零。

(2) 滚降低通幅频特性。

实际传输中,不可能有绝对理想的基带传输系统,这样一来,不得不降低频带利用率,采用具有奇对称滚降特性的低通滤波器作为传输网络。

根据推导得出结论:只要滚降低通的幅频特性以点 $C(f_c, 1/2)$ 呈奇对称滚降,就可满足无码间干扰的条件(此时仍需满足传输速率 $= 2f_c$)。滚降系数为

$$a = [(f_c + f_a) - f_c]/f_c \tag{9.1.2}$$

用滚降低通作为传输网络时,实际占用的频带展宽了,传输效率有所下降,当 $a = 100\%$ 时,传输效率即频带利用率只有 $1(b/s) \cdot Hz$,比理想低通小了一半。

(3) 眼图。

眼图能直观地表明数字信号传输系统出现码间干扰和噪声的影响,能评价一个基带系统的性能优劣。

5) 再生中继传输

基带数字信号在传输过程中,由于信道本身的特性及噪声干扰使得数字信号波形产生失真。为了消除这种波形失真,每隔一定的距离加一台再生中继器,由此构成再生中继系统。再生中继系统的特点是无噪声积累,但有误码率的累积。再生中继器由均衡放大、时钟提取和判决再生三大部分组成。

9.2　实验 4　信道均衡器

1. 实验目的

(1) 认识 MATLAB/Simulink 的基本功能。

(2) 了解 Simulink 的基本图符库,并能进行信道均衡器仿真。

(3) 掌握数字基带传输系统的具体结构、均衡器的作用。

2. 实验内容

(1) 在本仿真模型中添加示波器,观察发送端的发送信号在升余弦滚降滤波前后的变化。

（2）在本仿真模型中将信道设置为无失真信道，即信道系数为 $x_n = \{0,0,1,0,0\}$，均衡器系数设置为 $C_n = \{0,1,0\}$，运行模型，比较接收码元序列与发送码元系列，检验奈奎斯特抽样值无失真条件是否得到满足。

3. 仿真环境

（1）Windows XP/Windows 7。
（2）MATLAB R2009a。

4. 实验原理

1）升余弦滚降信号

升余弦滚降信号满足奈奎斯特抽样值无失真准则，而且物理可实现好。升余弦滚降信号的频谱的表达式为

$$Y(f) = \begin{cases} 0, & |f| > \dfrac{1+a}{T} \\[2mm] S_0 T, & 0 \leqslant f \leqslant \dfrac{(1-a)}{2T} \\[2mm] \dfrac{S_0 T}{2}\left\{1 - \sin\left[\dfrac{\pi T}{\alpha}\left(f - \dfrac{1}{2T}\right)\right]\right\}, & \dfrac{(1-a)}{2T} \leqslant f \leqslant \dfrac{(1+a)}{2T} \end{cases} \tag{9.2.1}$$

式中，α 是滚降系数，$0 \leqslant \alpha \leqslant 1$；$S_0$ 为归一化常数。升余弦滚降信号具有如下的时域表达形式

$$Y(t) = \frac{S_0 \sin\dfrac{\pi}{T}}{\dfrac{\pi t}{T}} \frac{\cos\left(\dfrac{\alpha \pi t}{T}\right)}{1 - \dfrac{4\alpha^2 t^2}{T}} \tag{9.2.2}$$

由上述时域表达式可知，升余弦滚降信号在除 0 之外的整数倍 T 时刻的采样值为 0，因而满足奈奎斯特抽样值无失真传输条件，即采用升余弦滚降信号作为码元波形，按码元周期 T 进行抽样时，不会形成码间串扰。码元波形成形的方法是用升余弦滚降滤波器对码元冲激序列进行滤波，升余弦滚降滤波器的冲激响应即 $Y(t)$。这样每个码元转换为一个相似于 $Y(t)$ 的波形，波形的幅度和正负极性取决于脉冲的幅度和正负极性。

在实际通信系统中，接收滤波器 $H_R(f)$ 通常是发送滤波器 $H_T(f)$ 的匹配滤波器，即 $H_R(f) = H_T^*(f)$。为了保证接收端的抽样值无失真，需要使发送滤波器和接收滤波器级联的效果等效于升余弦滚降滤波器，即

$$Y(f) = H_T(f)H_R(f) = |H_T(f)|^2 \tag{9.2.3}$$

符合上述条件的 $H_T(f)$ 称为平方根升余弦滚降滤波器，通常情况下 $H_T(f)$ 采用有限冲激响应（FIR）滤波器的形式实现，这种情况下 $H_R = H_T(f)$，发送滤波器和接收滤波器为相同的平方根升余弦滚降滤波器。

本实验在离散时间域进行，采样周期 $T_s = T/4$。平方根余弦滚降滤波器采用 FIR 滤波器的形式实现。FIR 滤波器要求滤波器的冲激响应是有限长度的，冲激响应的离散时间长

度即滤波器的阶数。在本实验中采用了滚降系数为 1 的 32 阶平方根升余弦滚降滤波器,即滤波器的冲激响应的时间长度为 $32T$,相当于 8 个码元周期。滤波器的系数通过 Simulink 模块计算得到。

2) 串扰信道

该信道的冲激响应是

$$x_n = \{0.0, 0.24, 0.85, -0, 25, 0.10\}, \quad n = -2, -1, 0, 1, 2 \tag{9.2.4}$$

在整个仿真时间段内,假设该信道不随时间而变化。

3) 均衡器设计

多径传输和信道失真可能引起严重的码间串扰,采用适当有效的均衡技术,可以提高数据传输速率、误码率性能和频带利用率。本实验仿真的是横向滤波器形式的时域信道均衡器,如图 9.2.1 所示,它由带有抽头的延迟线、加权系数相乘器及相加器组成。

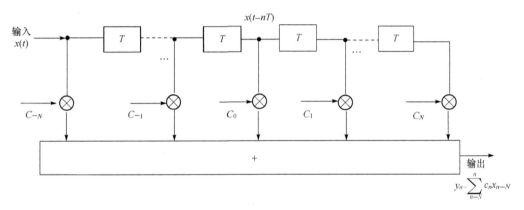

图 9.2.1　横向滤波器(信道均衡器)

本实验设计和仿真一个 3 阶的均衡器,均衡器的系数用矢量 $\boldsymbol{C} = [C_{-1}\ C_0\ C_1]^{\mathrm{T}}$ 表示。依据迫零准则,根据信道的冲激响应计算均衡器的系数。迫零准则要求,当均衡器输入序列 x_n(信道冲激响应序列)时,其输出 $y_n = [0\ 1\ 0]$,即

$$\begin{bmatrix} y_{-1} \\ y_0 \\ y_1 \end{bmatrix} = \boldsymbol{Z} \begin{bmatrix} C_{-1} \\ C_0 \\ C_1 \end{bmatrix} = \begin{bmatrix} 0 \\ 1 \\ 0 \end{bmatrix} \tag{9.2.5}$$

式中

$$\boldsymbol{Z} = \begin{bmatrix} x_0 & x_{-1} & x_{-2} \\ x_1 & x_0 & x_{-1} \\ x_2 & x_1 & x_0 \end{bmatrix} = \begin{bmatrix} 0.85 & 0.24 & 0 \\ -0.25 & 0.85 & 0.24 \\ 0.1 & -0.25 & 0.85 \end{bmatrix} \tag{9.2.6}$$

容易计算得到

$$\begin{bmatrix} C_{-1} \\ C_0 \\ C_1 \end{bmatrix} = \boldsymbol{Z}^{-1} \begin{bmatrix} y_{-1} \\ y_0 \\ y_1 \end{bmatrix} = \begin{bmatrix} 0.85 & 0.24 & 0 \\ -0.25 & 0.85 & 0.24 \\ 0.1 & -0.25 & 0.85 \end{bmatrix}^{-1} \begin{bmatrix} 0 \\ 1 \\ 0 \end{bmatrix} = \begin{bmatrix} -0.2826 \\ 1.009 \\ 0.3276 \end{bmatrix} \tag{9.2.7}$$

综上所述,本实验进行如图 9.2.2 所示的仿真。在发送端,将输入码元序列输入升余弦滚降滤波器,得到数字基带信号,经过串扰信道,在接收端通过均衡器,去除串扰,得到输出码元序列。升余弦滚降滤波器是按照采样周期 $T/4$(T 为码元周期)设计的,所以输入码元序列在进行升余弦滚降滤波前还要先进行 4 倍上采样,将采样周期提高到 $T/4$,同样在均衡器之后,输出码元序列之前,还要进行 4 倍下采样,将采样周期恢复为 T。

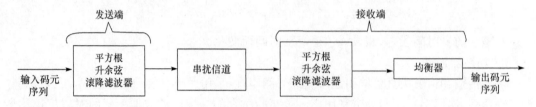

图 9.2.2　数字基带传输系统简化框图

4) 实验方案设计

本实验对应的仿真文件是 equalizer. mdl,打开 equalizer. mdl 可以得到如图 9.2.3 所示的仿真模型架构。该模型主要分为三个主要部分,分别是发送端、信道和接收端。

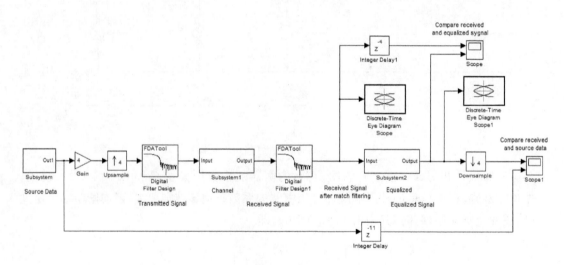

图 9.2.3　仿真模型架构

(1) 基带数字传输发送端。

发送端由图 9.2.4 中的 3 个模块构成,其中数据发生器模块的细节如图 9.2.5 所示。发送端由一个伯努利二进制序列发生器产生随机的{0,1}二进制序列,然后将该序列转换为二电平码元序列;码元序列的采样周期是 1ms,经过 4 倍增采样,采样周期成为 0.25ms(采样频率为4kHz);然后送到平方根升余弦滚降滤波器,得到发送的基带数字信号,该信号中每个码元的波形都是平方根升余弦滚降信号;上采样前的 4 倍增益保证在上采样和滤波后信号的幅度保持在 1 附近。

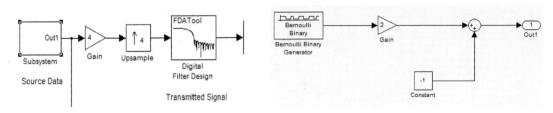

图 9.2.4 基带数字传输发送端   图 9.2.5 数据发生器 Source Data 内部模型

(2) 串扰信道。

串扰信道模型如图 9.2.6 所示,是典型的 FIR 滤波器结构,其冲激响应在 1ms 采样周期下是 $x_n = \{0.0, 0.24, 0.85, -0.25, 0.10\}$。

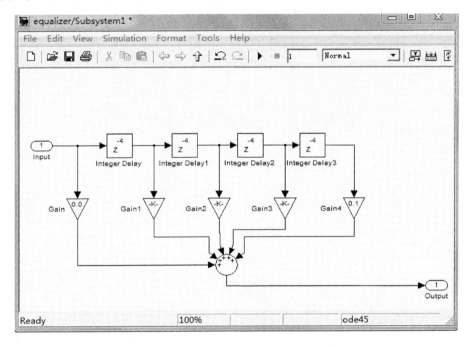

图 9.2.6 串扰信道模型

(3) 基带数字传输接收端。

基带数字传输接收端的结构如图 9.2.7 所示。接收到的数字基带信号首先通过匹配滤波器,匹配滤波器和发送端的平方根升余弦滚降滤波器完全相同,匹配滤波器和发送端滤波器共同构成一个升余弦滚降滤波器,使基带码元传输满足奈奎斯特抽样值无失真条件。匹配滤波器的输出送入均衡器,均衡器的细节结构如图 9.2.8 所示,其结构是典型的 FIR 滤波器结构,其冲激响应在 1ms 采样周期下是 $C_n = \{-0.2826, 1.009, 0.3276\}$。均衡之后的数字基带信号要经过下采样,恢复采样周期为 T,获取发送的码元。下采样中的一个关键参数是采样偏移(Sample Offset),采样偏移是由之前所有处理模块的时间延迟决定的,在实际通信系统中需要通过尝试有限的几种可能性,确定当采样偏移是 0 时可以抽样到最佳的码元电平值。

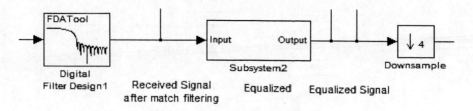

图 9.2.7　基带数字传输接收端的结构

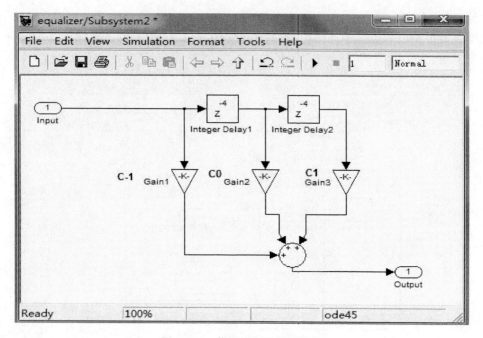

图 9.2.8　信道均衡器模型结构

5. 实验步骤及注意事项

（1）打开 MATLAB 应用软件，如图 9.2.9 所示。

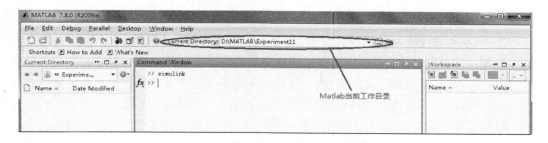

图 9.2.9　MATLAB 界面

（2）在图 9.2.9 中的 Command Window 的光标处输入 simulink，回车。

（3）在图 9.2.9 中，执行 File→New→Model 命令新建文件，保存在 MATLAB 工作目录下，并取名为 equalizer. mdl。

（4）在 Find 命令行处输入 Bernouli Binary Generator,就在窗口的右边找到了该仿真模块图标。用鼠标右键选择该模块,将其添加到创建的 equalizer 窗口中。

（5）用相同的方法创建"眼图"（Eye Diagram Scope）,观察每个设备的连接点,用鼠标左键把设备连接起来,如图 9.2.3 所示。

（6）进行相关参数设置。双击滤波器模块,即可打开参数设置窗口,如图 9.2.10 所示。该模块以 FIR 方式实现了滚降系数为 1 的 32 阶平方根升余弦滚降滤波器。要注意的是滤波器的频率指标的设计,参数 F_s 代表通过该滤波器的离散序列的采样频率,即本仿真的系统采样频率 4kHz;而参数 F_c 为滤波器的截止频率,对于升余弦滚降滤波器和平方根升余弦滚降滤波器,截止频率即奈奎斯特带宽 $1/2T$,所以 $F_c = 500$Hz。如图 9.2.10 所示设置好参数后单击 Design Filer 就完成了滤波器设计,滤波器的频率响应显示在图 9.2.10 的上部。如果想看滤波器的系数,可单击本图中的滤波器系数按钮查看。

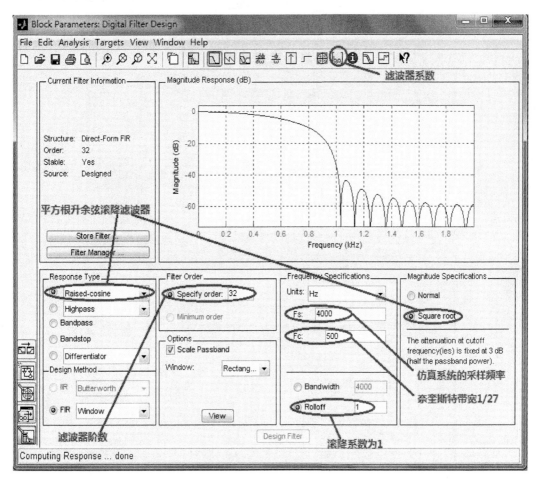

图 9.2.10　数字滤波器设计模块参数设置窗口

（7）单击"运行仿真模型"按钮即可运行 equalizer.mdl,观察实验结果。

6. 实验结果

运行 equalizer. mdl 可以得到如下的仿真结果。

1) 均衡前后的眼图比较

如图 9.2.11、图 9.2.12 所示，从均衡前后的眼图比较可以看到，接收信号的眼图是杂乱的，这是因为信道的线性失真造成了码元之间的相互干扰，即码间串扰。通过均衡降低码

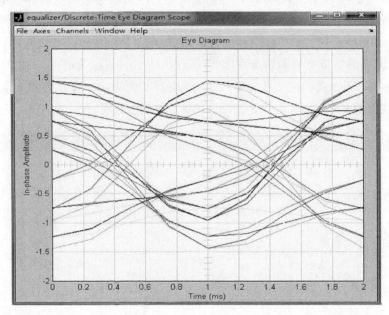

图 9.2.11　接收信号（均衡之前）的眼图

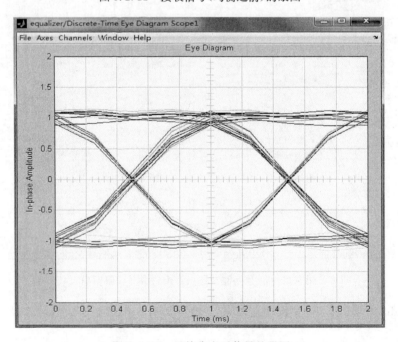

图 9.2.12　经均衡之后信号的眼图

间串扰,可以看到"眼睛"明显睁开了。码间串扰的降低使基带数字通信系统的噪声容限增加,减小了过零点失真、峰值失真和对定时误差的灵敏度。

2) 时域信号比较

如图 9.2.13 所示,从均衡前后信号波形的比较可以看出均衡后的信号码元峰值失真更小,波形更加完整(高低电平的持续时间更长),更利于抽样判决。

从发送码元序列与接收码元序列比较可以看出,下采样后的码元电平和发送码元电平相比很接近(图 9.2.14)。因为本实验的均衡器不能完全消除码间串扰,下采样后的码元电平上还叠加了小幅度的误差波形。

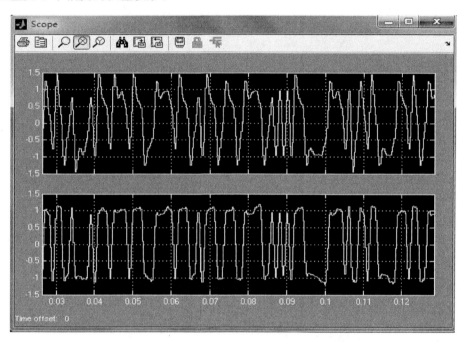

图 9.2.13　均衡前(上)和均衡后(下)信号波形比较

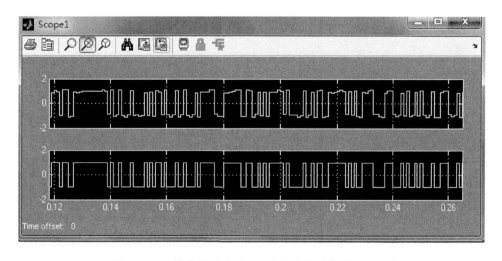

图 9.2.14　接收码元序列(上)与发送码元序列(下)比较

7. 思考及练习

阐述你所掌握的数字基带传输系统的结构以及均衡器的作用。

提要　数字基带传输系统包括发送端、串扰信道和接收端。在发送端，将输入码元序列输入升余弦滚降滤波器，得到数字基带信号，经过串扰信道，在接收端通过均衡器，去除串扰，得到输出码元序列。

均衡器的作用主要是可以提高数据传输速率、误码率性能和频带利用率。

第 10 章　数字带通调制

10.1　概　　述

调制(Modulation)就是对信号源的信息进行处理,加到载波上,使其变为适合于信道传输的形式的过程,就是使载波随信号而改变的技术。广义的调制分为基带调制和带通调制(也称载波调制)。调制的方式有很多,根据调制信号是数字信号还是模拟信号,载波是连续波还是脉冲序列,相应的调制方式有模拟连续波调制、数字连续波调制、模拟脉冲调制、数字脉冲调制等。

正交调制是调制方式的一种。常见的正交调制有正交振幅调制(Quadrature Amplitude Modulation,QAM)、正交频分复用调制(Orthogonal Frequency Division Multiplexing,OFDM)、编码正交频分调制(COFDM)、偏移正交四相相移键控(Offset Quadrature Reference Phase Shift Keying,OQPSK)、$\pi/4$ 正交相移键控(Differential Quadrature Reference Phase Shift Keying,$\pi/4$-DQPSK)等。

正交振幅调制是一种在两个正交载波上进行幅度调制的调制方式。这两个载波通常是相位差为 $90°(\pi/2)$ 的正弦波,因此称为正交载波。这种调制方式因此而得名。

正交频分复用调制,即正交频分复用技术,实际上是多载波调制(Multi-Carrier Modulation,MCM)的一种。其主要思想是将信道分成若干正交子信道,将高速数据信号转换成并行的低速子数据流,调制到每个子信道上进行传输。正交信号可以通过在接收端采用相关技术来分开,这样可以减少子信道之间的相互干扰(ICI)。每个子信道上的信号带宽小于信道的相关带宽,因此每个子信道上可以看成平坦性衰落,从而可以消除符号间干扰。由于每个子信道的带宽仅是原信道带宽的一小部分,所以信道均衡变得相对容易。在向 B3G/4G 演进的过程中,OFDM 是关键的技术之一,可以结合分集、时空编码、干扰和信道间干扰抑制以及智能天线技术,最大限度地提高系统性能,包括的类型有 V-OFDM、W-OFDM、F-OFDM、MIMO-OFDM 及多带-OFDM。

10.2　实验 5　MSK 调制与解调

1. 实验目的

(1) 认识 MATLAB/Simulink 的基本功能。

(2) 了解 Simulink 的基本图符库,并能进行 MSK 调制与解调的仿真。

(3) 理解 MSK 信号的调制与解调原理。

2. 实验内容

(1) 在本仿真模型中添加示波器观察 MSK 调制和解调过程中的中间信号,如 MSK 信号中的 I 路、Q 路信号分量,积分器的输出信号等。

（2）在本仿真模型汇总改变载波频率，观察信号波形的变化。

（3）改进本仿真模型，计算并显示 MSK 信号的功率密度谱。

（4）参考本仿真模型，建立 QAM、PSK 调制和解调的仿真模型。

3. 仿真环境

（1）Windows XP/ Windows 7。

（2）MATLAB R2009a。

4. 实验原理

1）MSK 调制与解调

MSK 信号是调制指数 h 为 1/2 的连续相位调制（CPFSK），它的第 n 个码元的时间函数为

$$
\begin{aligned}
S_{\mathrm{MSK}} =& A\cos\left(\omega_0 t + \frac{\pi t}{2T}I_n - \frac{1}{2}n\pi I_n + \theta_n\right) \\
=& A\cos\omega_0 t\cos\left(\frac{\pi t}{2T}I_n - \frac{1}{2}n\pi I_n + \theta_n\right) \\
& - A\sin\omega_0 t\sin\left(\frac{\pi t}{2T}I_n - \frac{1}{2}n\pi I_n + \theta_n\right), \quad nT \leqslant t \leqslant (n+1)T
\end{aligned}
\tag{10.2.1}
$$

式中，二进制数码 I_n 的取值为 +1 或 -1；ω_0 是载波频率；A 是载波幅度；T 是码元周期；$\theta_n = \frac{\pi}{2}\sum_{k=-\infty} I_k$ 是 nT 时刻的相位累积值。从式（10.2.1）可以看出，MSK 的调制可以通过两路正交的幅度调制载波信号相加来实现，其中两路正交载波分别是 $\cos\omega_0 t$ 和 $\sin\omega_0 t$，幅度都为 A，调制在 $\cos\omega_0 t$ 上的基带信号称为 I 路，调制在 $\sin\omega_0 t$ 上的基带信号称为 Q 路。

　　具体的 MSK 调制器和解调器实现框图（图 10.2.1 和图 10.2.2）实现的依据就是上述的 MSK 调制和解调的等效 I-Q 正交。

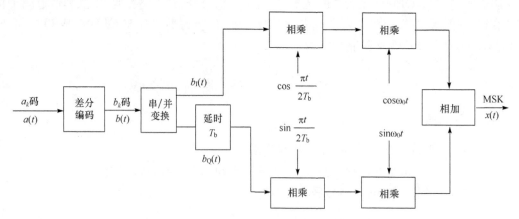

图 10.2.1　MSK 信号的调制器原理框图

　　值得注意的是，串/并转换前后的信号应该符合如图 10.2.3 所示的时间关系。本实验根据上述原理框图仿真 MSK 信号的调制与解调。

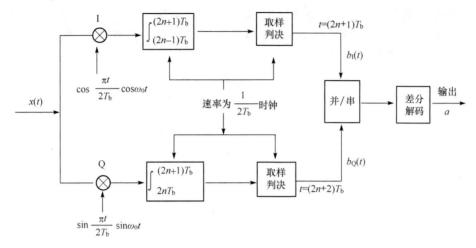

图 10.2.2　MSK 信号的解调器原理框图

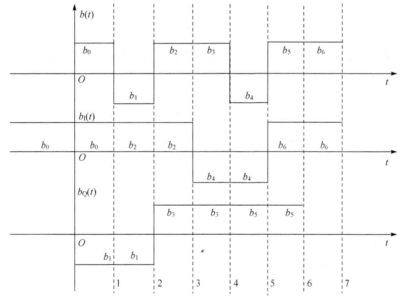

图 10.2.3　串/并转换前后的信号时序关系

2）实验方案设计

本实验的仿真模型文件是 msk.mdl，打开 msk.mdl 可以看到仿真模型分为两个主要部分：MSK 调制和解调。

（1）MSK 调制。

MSK 调制的仿真模型结构如图 10.2.4 所示，该模型用 I-Q 正交形式实现了 MSK 信号的调制。首先由随机整数发生器产生随机的$\{0,1\}$序列，然后进行差分编码（为了有更多的连续信号），并转化为$\{-1,+1\}$的序列；接着经过串/并转换转化为 I、Q 两路信号，其中 Q 路信号要经过额外的 T_b 时间的延迟；然后 I、Q 两路分别进行正交幅度调制，最后两路信号相加即得到 MSK 信号。仿真中随机$\{0,1\}$序列的发生周期是 1ms，即 $T_b = 1\text{ms}$。

（2）MSK 解调。

MSK 解调仿真模型结构如图 10.2.5 所示，该模块采用相干解调的方式实现了 MSK

信号的解调,正确恢复出发送数据。首先,接收到已调 MSK 信号,分别经过 I 路和 Q 路正交幅度解调;然后通过积分器,积分时间长度是 $2T_b$,之后进行抽样判决;判决结果通过串/并转换和差分解码恢复出发送数据。

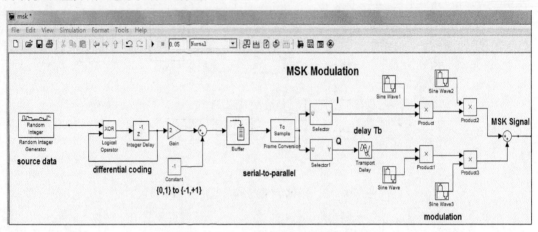

图 10.2.4　MSK 调制的仿真模型结构

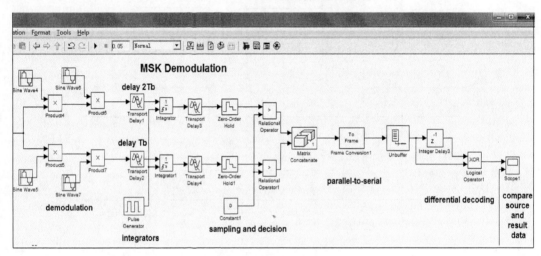

图 10.2.5　MSK 解调仿真模型结构

5. 实验步骤

(1) 打开 MATLAB 应用软件,如图 10.2.6 所示。

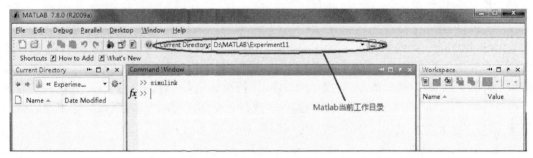

图 10.2.6　MATLAB 界面

（2）在图 10.2.6 中的 Command Window 的光标处输入 simulink，回车。

（3）在图 10.2.6 中，执行 File→New→Model 命令新建文件，保存在 MATLAB 工作目录下，并取名为 msk.mdl。

（4）在 Find 命令行处输入 XOR Exclusive OR，就在窗口的右边找到了该仿真模块图标。用鼠标右键选择该模块，将其添加到创建的 msk 窗口中。

（5）用相同的方法创建帧状态转换模块（Frame Status Conversion）、选择输出模块（Selector）、传输延时模块（Transport Delay）、脉冲序列发生器（Pulse Generator）、积分器（Intergrator）、关系符操作模块（Relational Operator）和矩阵合并模块（Matrix Concatenation），观察每个设备的连接点，用鼠标左键把设备连接起来，如图 10.2.4 和图 10.2.5 所示。

（6）单击"运行仿真模型"按钮即可运行 msk.mdl，观察实验结果。

（7）注意。

① MSK 调制中关键的子模块差分编码由一个异或模块和一个延迟模块构成，如图 10.2.7 所示。

串/并转换由图 10.2.8 中的 4 个模块组成，其中缓存器模块（Buffer）将串行单比特数据流缓冲成两比特一组，缓存器模块的输出是基于帧的数据流；接着通过一个帧状态转换模块将基于帧的数据流转换为基于采样的数据流，取消每一组的两比特之间的采样时间差异；最后通过两个选择模块将每一组的两比特分别分配到 I、Q 两路。

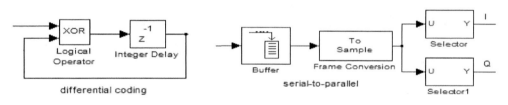

图 10.2.7　差分编码　　　　　　　　　图 10.2.8　串/并转换

调制模型的最后部分是正交幅度调制部分，如图 10.2.9 所示。对于 I 路，前一个正弦波模块产生 $\cos\dfrac{\pi t}{2T_b}$，而对于 Q 路，前一个正弦波模块产生 $\sin\dfrac{\pi t}{2T_b}$。比较仿真中串/并转换

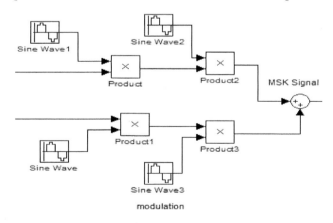

图 10.2.9　正交调制

模块的输出(包括 Q 路延迟 T_b)和图 10.2.1 中的时序关系,可以看到仿真中的信号比图 10.2.1 中的信号延迟了 $3T_b$,所以在这两个正弦波模块中要各自增加 $3\pi/2$ 的相位延迟。I、Q 两路的后一个正弦波模块产生载波信号,仿真中设定载波频率是 2kHz。最后将 I、Q 两路信号相加得到已调 MSK 信号。

② MSK 解调的关键子模块。

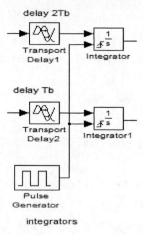

图 10.2.10　积分器

积分器的模型结构如图 10.2.10 所示。积分前的延时模块将 I、Q 两路信号进行适当的延迟,使 I、Q 两路的码元边界对齐 $2nT_b(n$ 为整数)时间点;脉冲发生器的作用是周期性地(在 $2nT_b$ 时间点上)产生积分器的复位脉冲;积分器在复位脉冲的控制下以 $2T_b$ 为积分周期对码元进行时间积分。

抽样判决的模型结构如图 10.2.11 所示。抽样模块的抽样时刻是 $2nT_b$,和积分器的复位时间相同,即积分器的输出在 $2nT_b$ 时刻发生跳变,为了防止抽样时信号发生跳变,在抽样判决前用延迟模块将信号进行微小的延迟;抽样采用零阶抽样保持模块实现,而判决则采用关系符操作模块实现,判决的结果是 $\{0,1\}$ 二进制序列。

并/串转换模块由 3 个 Simulink 模块组成,如图 10.2.12 所示。矩阵合并模块将 I 路和 Q 路的数据流合并为 2×1 矩阵数据流;帧状态转换器给矩阵中的两个元素赋予不同的时间意义,即将这两个元素视为对同一信号的相邻时刻的两次采样;最后通过解缓存模块将 2×1 矩阵(并行)数据流转换为串行输出。

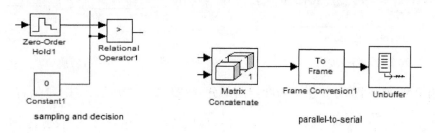

图 10.2.11　抽样判决的模型结构　　　　图 10.2.12　并/串转换

6. 实验结果

运行 msk.mdl,可以得到如下的仿真结果。

图 10.2.13 给出了已调 MSK 信号和原始发送数据(输入二进制序列)的比较,可以明显看出,数据 0 对应较低的频率,而数据 1 对应较高的频率,而且信号幅度恒定,相位保持连续。另外还可以比较输入二进制序列和解调后的输出二进制序列,除了一个延迟之外,两个序列是相同的。

7. 思考及练习

(1) MSK 信号对每个码元持续时间 T_s 内包含的载波周期数有何约束?

提要　MSK 信号每个码元持续时间 T_s 内包含的波形周期数必须是 1/4 周期的整数倍。

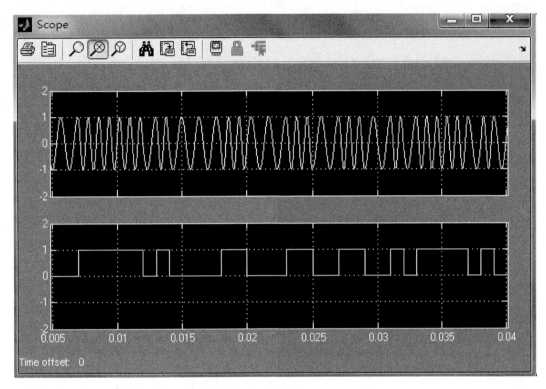

图 10.2.13　输入二进制序列与输出 MSK 信号

（2）试述 MSK 信号的 6 个特点。

提要　①相位连续；②包络恒定；③带外辐射小；④实现较简单；⑤可用于移动通信中的数字传输；⑥占用带宽最小的二进制正交 2FSK 信号。

10.3　实验 6　QAM 符号错误率

1. 实验目的

（1）认识 MATLAB/Simulink 的基本功能。

（2）了解 Simulink 的基本图符库，并能进行 QAM 符号错误率的仿真。

（3）学习通信系统误码率的仿真方法，加深对于 QAM 调制、解调的理解。

2. 实验内容

（1）在本仿真模型中改变信噪比设置进行仿真，得到各种信噪比条件下的符号误码率，从而绘制出符号误码率曲线，与图 10.3.1 相互比较。

（2）参考本仿真模型，建立新的仿真模型，仿真 64QAM、4QAM、QPSK 和 DQPSK 的符号/比特误码率性能（误码率曲线）。需要提到的是，调制方式不同，E_b/N_0 和 E_s/N_0 的换算关系要进行不同修正。

3. 仿真环境

(1) Windows XP/ Windows7。

(2) MATLAB R2009a。

4. 实验原理

1) QAM 符号错误率

在《通信原理》(黄载禄等编著)中通过理论推导得到 M 元 QAM 在 AWGN 信道条件下的符号错误概率,并画出了 M 元 QAM 的错误概率曲线,如图 10.3.1 所示,该曲线以符号错误概率为纵坐标,以平均比特信噪比为横坐标。本实验通过仿真的方式得到该错误概率曲线,可以和理论推导的曲线相互验证。

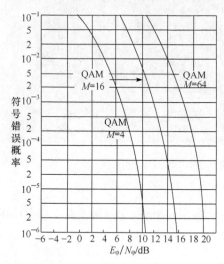

图 10.3.1　QAM 信号的误码率

符号/比特错误概率是指在某一信道条件下(如某一信噪比条件下),通信系统的符号/比特错误率的期望值。符号/比特错误概率是衡量通信调制/编码系统是否有效的重要评估手段。一些通信系统可以通过理论推导得到其错误概率的闭合表达式,而对于大多数的通信系统(尤其是复杂系统),很难通过理论推导得到其错误概率的闭合表达式或近似结论,对于这种情况可以通过蒙特卡洛法进行仿真,以长时间仿真得到的随机样本数据的错误比特率作为错误概率的近似值。

通信系统错误概率蒙特卡洛仿真的系统结构如图 10.3.2 所示。首先由随机数据发生器仿真通信系统的数据源,随机数据发生器产生的样本数据送入通信发射机和错误比率统计模块;通信发射机仿真了通信系统发射机中的所有处理和计算过程,输出发射信号;随机信道仿真了信道中的多种随机过程,信道的响应本身是一个随机过程,同时信道中的加性高斯白噪声也是一个窄带高斯随机过程,随机信道模块产生了与上述随机过程相符合的信道样本序列;发射信号要和该信道样本序列相互作用,如卷积和相加,形成接收信号;通信接收机仿真了通信系统接收机中的所有处理和计算过程,输出判决结果;错误比率统计模块比较判决结果和样本数据,计算出错误比率,当仿真模型与实际通信系统模型符合且仿真时间足够长时,该错误比率与实际通信系统的理论错误概率应相当近似。

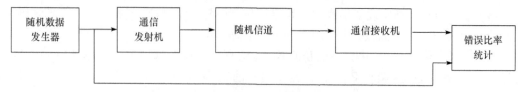

图 10.3.2　通信系统错误概率蒙特卡洛仿真

通信发射机/接收机仿真了通信系统发射机/接收机中的所有处理和计算过程,并不等于仿真模型要按照实际通信系统的所有模块逐一建立。例如,如果仿真的目的是得到

16QAM 系统错误概率,则通常不需要仿真对载波的正交调制过程。这是因为:①通过理论分析,可以知道系统的错误概率只和信噪比有关系,和具体载波的频率没有关系;②对已调制在载波上的窄带通信信号的很多处理都可以等效为对该通信信号的复包络的相应处理;③省略对载波的仿真可以简化仿真过程、加快仿真速度。因此本章及之后的仿真大多数都只通过仿真信号和信道的复包络来得到仿真结果,而不再仿真对载波的正交调制过程。

对于 16QAM 符号错误概率的仿真:随机数据发生器产生 16 进制的随机数;通信发射机仿真 16QAM 调制,输出 16QAM 调制后的复包络;对于 AWGN 信道,其信道响应恒定为 1,加性噪声为零均值高斯分布,噪声方差由信噪比决定;通信接收机仿真 16QAM 解调,输出判决结果;误码率统计模块统计误码比率。

2) 实验方案设计

本实验的仿真模型见 qam16_ser. mdl。打开 qam16_ser. mdl 可以看到如图 10.3.3 所示的仿真模型结构。首先由随机数据发生器来产生随机数据,QAM 调制基带模块进行 16QAM 调制,然后 AWGN 信道模块加上高斯噪声,QAM 解调基带模块进行 16QAM 解调,最后由误码率统计模块计算误码率。该仿真模型省略了实际通信系统中常有的正交载波调制、发端滤波器、收端滤波器等模块,省略这些模块是不会影响仿真结果的。

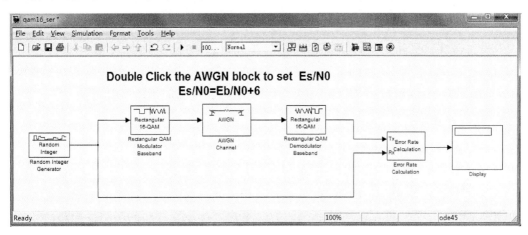

图 10.3.3　QAM 符号误码率仿真模型

5. 实验步骤

(1) 打开 MATLAB 应用软件,如图 10.3.4 所示。

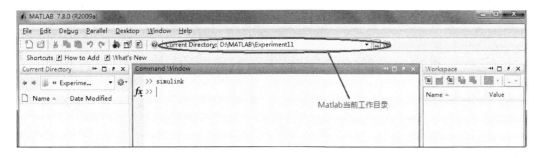

图 10.3.4　MATLAB 界面

（2）在图 10.3.4 中的 Command Window 的光标处输入 simulink，回车。

（3）在图 10.3.4 中，执行 File→New→Model 命令新建文件，保存在 MATLAB 工作目录下，并取名为 qam16_ser. mdl。

（4）在 Find 命令行处输入 Rectangular QAM Modulator Baseband，就在窗口的右边找到了该仿真模块——QAM 调制基带模块的图标。用鼠标右键选择该模块，将其添加到创建的 qam16_ser. mdl 窗口中。

（5）用相同的方法创建 AWGN 信道模块（AWGN Channel）、QAM 解调基带模块（Rectangular QAM Demodulator Baseband）和误码率统计模块（Error Rate Calculation），观察每个设备的连接点，用鼠标左键把设备连接起来，如图 10.3.3 所示。

（6）相关参数设置：信号功率和信噪比的设置。在 QAM 调制基带模块中将调制信号的平均功率设为 1W，在 AWGN 信道模块中也要将输入信号的功率设为 1W。在绘制误码率概率曲线时使用的横坐标是平均比特 SNR，即 E_b/N_0，而 AWGN 模块提供的设置参数是平均符号 SNR，即 E_S/N_0，所以必须进行换算。因为一个 16QAM 符号包含 4bit，所以 $E_S/N_0 = 4E_b/N_0$，所以 16QAM 这两种 SNR 表述正好相差了 6dB，即 $(E_s/N_0) = (E_b/N_0)_{dB} + 6dB$。

（7）单击"运行仿真模型"按钮即可运行 qam16_ser. mdl，观察实验结果。

6. 实验结果

运行 qam16_ser. mdl，可以得到 E_b/N_0 是 10dB 条件下的误码率，仿真在得到 1000 个符号误码的情况下停止，得到的符号误码率是 0.007474（因为仿真的随机性，每次结果略有差异）。比较图 10.3.1 中 10dB 的理论符号误码概率，发现它们相当接近。

7. 思考及练习

结合 PSK，简述 QAM 的优缺点。

提要 与其他调制技术相比，QAM 编码具有能充分利用带宽、抗噪声能力强等优点。但 QAM 技术用于 ADSL 的主要问题是如何适应不同电话线路之间较大的性能差异。要取得较为理想的工作特性，QAM 接收器需要一个和发送端具有相同的频谱和相应特性的输入信号用于解码，QAM 接收器利用自适应均衡器来补偿传输过程中信号产生的失真，因此采用 QAM 的 ADSL 系统的复杂性来自于它的自适应均衡器。

当对数据传输速率的要求高过 8-PSK 能提供的上限时，一般采用 QAM 的调制方式。因为 QAM 的星座点比 PSK 的星座点更分散，星座点之间的距离因此更大，所以能提供更好的传输性能。但是 QAM 星座点的幅度不是完全相同的，所以它的解调器需要能同时正确检测相位和幅度，不像 PSK 解调只需要检测相位，这增加了 QAM 解调器的复杂性。

10.4 实验 7 频分复用（FDM）与正交频分复用（OFDM）

1. 实验目的

（1）认识 MATLAB/Simulink 的基本功能。

（2）了解 Simulink 的基本图符库，并能进行频分复用与正交频分复用仿真。

（3）观察 FDM 和 OFDM 信号波形和频谱特征，深入掌握 FDM 和 OFDM 系统的原理和实现结构。

2. 实验内容

（1）在本仿真模型中添加示波器，观察上采样和滤波前后各点时域波形的变化。

（2）尝试修改本仿真模型，在不改变数据速率的情况下，将子载波数量改为 128 个，并观察各信号波形。

3. 仿真环境

（1）Windows XP/Windows 7。

（2）MATLAB R2009a。

4. 实验原理

1）频分复用

频分复用是将多路信号调制到不同的载波频率上，从而保证各路信号彼此正交而互不干扰，频分复用的发送端简化框图如图 10.4.1 所示。本实验仿真 4 路 QPSK 调制的 FDM 发送端。

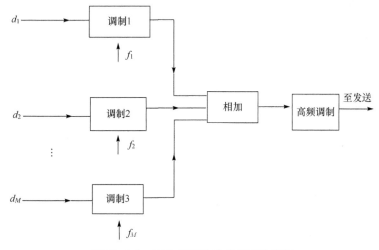

图 10.4.1　频分复用的发送端简化框图

2）正交频分复用

正交频分复用是多载波调制（MCM）技术的一种。它的基本思想是把数据流串/并联转换为 N 路速率较低的子数据流，用它们分别去调制 N 路子载波后并行传输。因此子数据流的速率是原来的 $1/N$，即符号周期扩大为原来的 N 倍。在 MCM 的符号周期远大于信道的最大延时扩展情况下，MCM 系统就把一个宽带频率选择衰落信道划分成 N 个窄带平坦衰落信道，从而使通信系统具有很强的抗无线信道频率选择性衰落的能力，特别适合于高速无线数据传输。OFDM 是一种自载波互相混叠的 MCM，因此它除了具有上述 MCM 的优势外，相比于传统的 FDM 系统还具有更高的频谱利用率。OFDM 选择时域互相正交的子载波，它们虽然在频域互相混叠，却仍能在接收端被分离出来。

本实验的仿真依据图 10.4.2 进行。首先随机产生高速输入数据流，并进行 QPSK 调制；然后通过串/并转换将高速的输入数据流转化为低速的并行数据流；OFDM 调制由一个

IFFT 的结果转化为高速串行数据流,并插入保护间隔;最后进行高频调制(载波调制)。本实验中的子载波数量是 64 个,IFFT 的输出是 64 个时域信号采样点,保护间隔的时间长度相当于 16 个时域采样点,为了方便观察,采用了插入零电平作为保护间隔。

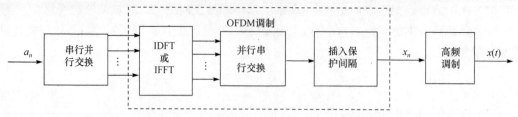

图 10.4.2　正交频分复用的发送端简化框图

3) 实验方案设计

本实验的仿真文件是 ofdm_fdm. mdl,打开 ofdm_fdm. mdl,可以看到整个仿真模型分为 FDM 发送端和 OFDM 发送端两个独立的模型。下面主要介绍 OFDM 发送端的仿真模型,然后简要介绍 FDM 发送端的仿真模型。

(1) OFDM 发送端仿真模型。

OFDM 发送端仿真模型如图 10.4.3 所示。可以看出,该仿真模型可以分为三个主要

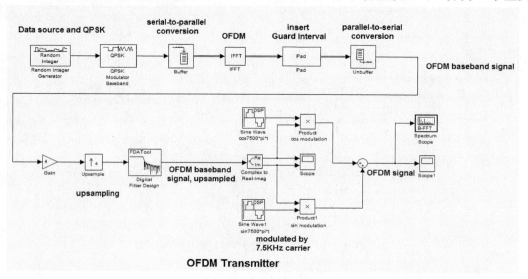

图 10.4.3　OFDM 发送端仿真模型

部分:图的上半部实现了 OFDM,得到了 OFDM 基带信号;图的下半部的左边实现了 OFDM 基带信号的上采样,上采样的目的是得到时域上更加精细的波形,便于用示波器观察;图的下半部的右边实现了高频调制,即将 OFDM 基带信号调制到载波上。

(2) FDM 发送端仿真模型。

如图 10.4.4 所示,FDM 发送端仿真了 4 路 QPSK 信号的调制和复用,每路信号的符号率都是 1. 6ksymbol/s,4 路信号的总符号速率是 6. 4ksymbol/s,和上面的 OFDM 仿真中的总符号速率相同。4 路 QPSK 信号分别用 4kHz、6kHz、9kHz 和 11. 5kHz 载波进行调制,即每路 QPSK 信号的子信道带宽是 2. 5kHz。其中包括了必要的保护频带。每路 QPSK 信号的调制结构比较简单,其主要组成模块在前面都有介绍,这里就不再赘述了。值

得注意的是因为每路 QPSK 符号的符号速率是 1.6ksymbol/s,而调制中载波信号的采样频率是 32kHz,所以需要对 QPSK 符号进行 20 倍上采样,然后还要进行低通滤波,该低通滤波器设计为数字调制系统中常用的平方根升余弦滚降滤波器。最后 4 路 QPSK 信号的复用依靠一个加法器实现。

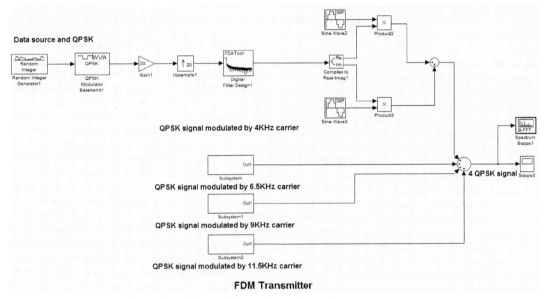

图 10.4.4　FDM 发送端仿真模型

5. 实验步骤

(1) 打开 MATLAB 应用软件,如图 10.4.5 所示。

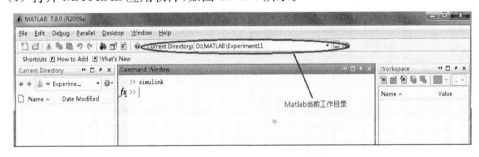

图 10.4.5　MATLAB 界面

(2) 在图 10.4.5 中的 Command Window 的光标处输入 simulink,回车。

(3) 在图 10.4.5 中,执行 File→New→Model 命令新建文件,保存在 MATLAB 工作目录下,并取名为 ofdm_fdm.mdl。

(4) 在 Find 命令行处输入 Random Integer Generator(随机整数发生器仿真模块),就在窗口的右边找到了该仿真模块图标。用鼠标右键选择该模块,将其添加到创建的 ofdm_fdm 窗口中。

(5) 用相同的方法创建 QPSK 调制模块(QPSK Modulator Baseband)、缓存模块、快速傅里叶逆变换(IFFT)、补零模块(Pad)、解缓存模块(Unbuffer)、上采样模块(Upsample)、正弦波形模块(Sine Wave)、复数实部虚部模块(Complex to Real-Image)和频谱仪(Spectrum

Scope)，观察每个设备的连接点，用鼠标左键把设备连接起来，如图 10.4.3 及图 10.4.4 所示。

（6）单击"运行仿真模型"按钮即可运行 ofdm_fdm.mdl，观察实验结果。

（7）对于"OFDM 发送端仿真模型"（图 10.4.3）需要注意几点。

① 产生 OFDM 基带信号。如图 10.4.6 所示，这个部分完成 OFDM 发射机的基带信号的处理。首先随机数发生模块产生所要发射的数据流，这些随机数据经过 QPSK 调制得到 QPSK 符号；QPSK 符号流经过串/并转换模块转换成 64 个符号一组的符号块，IFFT 模块将这些 QPSK 符号块调制到 64 个正交子载波上，得到 OFDM 符号；接着在 OFDM 符号之间插入 16 个 0，这 16 个 0 就是 OFDM 符号间的保护间隔；最后通过串/并转换将 OFDM 符号及其保护间隔转换成串行的时域波形。

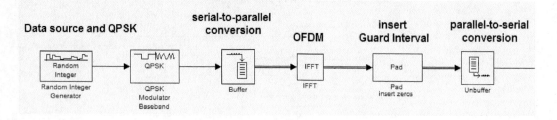

图 10.4.6　OFDM 基带信号仿真结构图

② 时域上采样。如图 10.4.7 所示，这部分完成 OFDM 基带信号的时域上采样，增加信号采样率是为了得到更加精细的时域波形，以便于用示波器观察信号。在产生 OFDM 基

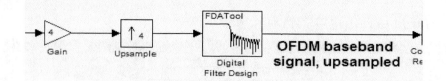

图 10.4.7　上采样、滤波模块仿真结构图

带信号时，随机数据发生模块的数据速率是 6.4ksymbol/s，最后输出 OFDM 基带信号时的采样频率是 8ksample/s。时域上采样模块将该基带信号上采样 4 倍，得到 32ksample/s 的时域信号。上采样是通过在相邻两个输入采样点之间插入 3 个 0 来实现的，这样上采样之后的基带信号包含了很多镜像频谱分量，因此在上采样之后要连接一个低通滤波器，滤除镜像频谱分量，使上采样之后的信号和上采样之前的信号具有相同的频谱。上采样前的 4 倍增益保证信号在经过上采样和滤波后幅度保持不变。

③ 载波调制。如图 10.4.8 所示，这部分首先通过复数实部虚部模块分离出 OFDM 基带信号的实部和虚部，然后将实部和虚部分别调制到余弦和正弦载波上，得到经过载波调制的 OFDM 信号。仿真中采用的载波是 7.5kHz。仿真中采用的数据速率和载波频率都是根据方便观察信号波形的目的选取的，实际系统的数据速率和载波频率要高得多。

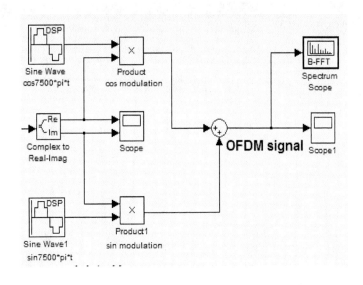

图 10.4.8　正交调制模块仿真结构图

6. 实验结果

运行 ofdm_fdm. mdl,可以得到 OFDM 信号和 FDM 信号的时域波形和频谱曲线。OFDM 信号的频谱如图 10.4.9 所示,OFDM 信号的频谱是由多个子载波的信号的频谱叠加得到的,再经过载波调制搬移到 7.5kHz 上。FDM 信号的频谱如图 10.4.10 所示,FDM 信号的频谱是由 4 个调制到不同载波上的 QPSK 信号的频谱叠加得到的。可以看到 OFDM 各个子载波信号之间相互重叠,没有保护频带;而 FDM 各个子载波信号之间不能相互重叠,必须预留保护频带。

图 10.4.11 是 OFDM 基带信号的时域波形,上半部分为信号的实部,下半部分为信号的虚部。可以看到在每个 OFDM 符号之后都插入了一组零电平作为保护间隔。

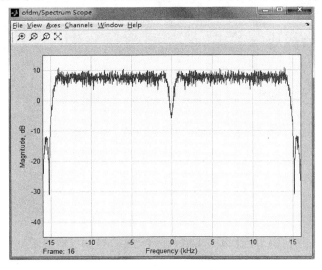

图 10.4.9　OFDM 信号的频谱

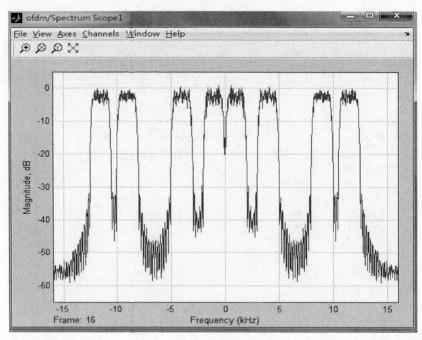

图 10.4.10　FDM 信号的频谱

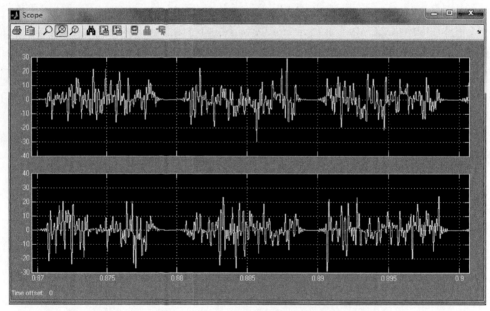

图 10.4.11　OFDM 基带信号的时域波形

图 10.4.12 是调制到 7.5kHz 载波后 OFDM 信号的时域波形。

7. 思考及练习

OFDM 信号的主要优点是什么？对各路子载频的间隔有何要求？

提要　OFDM 信号是一种多频率的频分调制体制。它具有优良的抗多径衰落的能力和对信道变化的自适应能力，适用于衰落严重的无线信道中。OFDM 信号要求子载频间隔

为 $\Delta f = n/T_s$，即最小子载频间隔为 $\Delta f_{\min} = 1/T_s$。

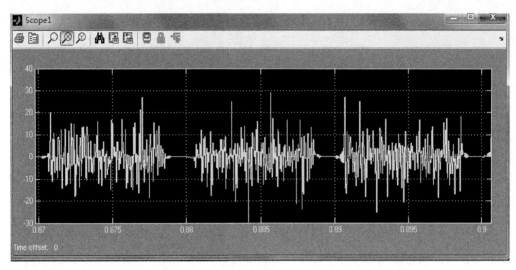

图 10.4.12　载波调制后 OFDM 信号波形

第 11 章　差错控制编码

11.1　概　　述

差错控制编码也称为纠错编码。在实际信道上传输数字信号时,由于信道传输特性不理想以及加性噪声的影响,接收端所收到的数字信号不可避免地会发生错误。为了在已知信噪比的情况下达到一定的比特误码率指标,首先应该合理设计基带信号,选择调制解调方式,采用时域、频域均衡,使比特误码率尽可能降低。但实际上,许多通信系统中的比特误码率并不能满足实际的需求,此时则必须采用信道编码(差错控制编码)才能将比特误码率进一步降低,以满足系统指标要求。

随着差错控制编码理论的完善和数字电路技术的飞速发展,信道编码已经成功地应用于各种通信系统中,并且在计算机、磁记录与各种存储器中也得到了日益广泛的应用。差错控制编码的基本实现方法是在发送端给被传输的信息附上一些监督码元,这些多余的码元与信息码元之间以某种确定的规则相互关联(约束)。接收端按照既定的规则校验信息码元与监督码元之间的关系,一旦传输发生差错,信息码元与监督码元的关系就会受到破坏,从而接收端可以发现错误乃至纠正错误。因此,研究各种编码和译码方法是差错控制编码要解决的问题。编码涉及的内容也比较广泛,前向纠错编码(FEC)、线性分组码(汉明码、循环码)、理德-所罗门码(RS 码)、BCH 码、FIRE 码、交织码,卷积码、TCM 编码、Turbo 码等都是差错控制编码的研究范畴。本章只对其中的某些问题进行粗略的介绍,并对相关内容进行仿真。

传输信道中常见的错误有以下三种。

(1) 随机错误:错误的出现是随机的,一般而言错误出现的位置是随机分布的,即各个码元是否发生错误是互相独立的,通常不是成片地出现错误。这种情况一般是由信道的加性随机噪声引起的。因此,一般将具有此特性的信道称为随机信道。

(2) 突发错误:错误的出现是一连串的,通常在一个突发错误持续时间内,开头和末尾的码元总是错的,中间的某些码元可能错也可能对,但错误的码元相对较多。例如,移动通信中信号在某一段时间内发生衰落,造成一串差错;汽车发动时电火花干扰造成的错误;光盘上的一条划痕等。这样的信道称为突发信道。

(3) 混合错误:既有突发错误又有随机错误的情况。这种信道称为混合信道。

在数字通信中,为了减少差错(误码),提高通信的可靠性,一般均采用信道编码技术。信道编码又称为差错控制编码或纠错编码。差错控制编码技术不但用于数字通信,在VCD、DVD 等视频设备上也有广泛的应用。纠错编码的基本原理是根据输入信息码元的变化规律,构造监督码元并加入码字中,从而出现了多余的码组(禁用码组)。根据许用码组和禁用码组的约定条件,就可判断出哪一位出了错,并进行纠错。

差错控制有检错重传(ARQ)、前向纠错(FEC)和混合纠错(HEC)三种方式。在移动通信中用得较多的是前向纠错差错控制方式,其特点是不需要反馈信道、实时性好,但编、解码电路复杂,编码效率低。

反映纠错编码的参数有码距、最小码距、编码效率。码距 d 是指两个码字在对应位上码元取值不同的位数。最小码距 d_0 是指所有码组中码距 d 的最小值。编码效率为 $\eta = k/n$。最小码距 d_0 与检纠错能力的关系是

$$d_0 > e+1 \qquad (\text{检查出 } e \text{ 位错码})$$

$$d_0 > 2t+1 \qquad (\text{纠正 } t \text{ 位错码})$$

$$d_0 > e+t+1 \qquad (\text{能同时检出 } e \text{ 位,纠正 } t \text{ 位错码})$$

简单的检错码是奇偶校验码,即在每个信息码组后面附加一个监督码。奇偶校验码的功能是能检测奇数个错码,不能检测偶数个错码。其依据是具有模 2 加运算关系的监督方程。如果同时对列也进行奇偶校验,就称为行列校验码,具有检错和纠错的功能。

如果把 k bit 信息码分成一段,每段按编码规则编出 r 个监督码元紧跟其后,这样每 $n(n=k+r)$ 个码元组成一个字的编码,称为分组码,用符号 (n,k) 表示。分组码中每一个码字的监督码元只与本组信息码元有关,与其他码字的码元无关。可根据监督方程的校验子来确定错码位置。

循环码是一种码字间具有循环性质的线性分组码。

卷积码用 (n_0, k_0, m) 表示,它与分组码的主要区别是其通过编码器产生的 n_0 个码元里的监督码元,不仅对本组信息码元起监督作用,还对其以前若干组的信息码元起监督作用。卷积码可用来纠正随机错误和突发错误,抗干扰能力很强,因此适用于信号较弱且经常受到干扰的情况,如卫星通信和移动通信中。

码元交织技术,就是在发送端将顺序传送的码元按一定的规律重新进行排列,传输过程中如果出现突发错码,则可以在接收端恢复原信号的码元顺序时,将突发错码分散到不相邻的比特单元中,变成随机误码。交织的本质是把信号的突发错误离散化,交织长度越长,突发错码的离散化程度越高,系统就越容易对零散分布的单个错码进行纠错处理,对突发错码的保护能力就越强。

11.2　基 本 原 理

下面以重复编码来简单地阐述差错编码在相同的信噪比情况下为什么会获得更好的系统性能。假设发送的信息 0、1(等概率出现),采用 2PSK 方式,可以知道最佳接收的系统比特误码率为

$$P_e = \frac{1}{2} \text{erfc}\left(\sqrt{\frac{E_s}{N_0}}\right) \tag{11.2.1}$$

现假设 $P_e = 10^{-3}$(平均接收 1000 个中错 1 个)。

如果将信息 0 编码成 00,信息 1 编码成 11,仍然采用上述系统,则在接收端可以作以下判断:如果发送的是 00,而收到的是 01 或 10,此时知道发生了差错,要求发送端重新传输,直到传送正确,只有当收到 11 时,才错误地认为当前发送的是 1。因此在这种情况下发生译码错误的概率是 $0.5P_e^2$;同理,如果发送的是 11,只有收到 00 时才可能发生错误译码,因此在这种情况下发生译码错误的概率也是 $0.5P_e^2$。所以采用 00、11 编码的系统比特误码率为 P_e^2,即 10^{-6}。系统的性能将明显提高。

在上例中,将 0、1 采用 00000、11111 编码,在接收端用如下的译码方法,每收到 5bit 译码一次,采用大数判决,即 5bit 中 0 的个数大于 1 的个数则译码成 0,反之译码成 1;不采用 ARQ 方式。那么,可以看到这种编码方式就变成了纠错编码。由于传输错误,当接收端收到 11000、10100、10010、10001、01100、01010、01001、00110、00101、00011 中的任何一种时,都可以自动纠正成 00000。

11.3　差错控制编码的分类

根据差错控制编码的功能不同分为检错码、纠错码、纠删码(兼检错、纠错)。

根据信息位和校验位的关系分为线性码和非线性码。

根据信息码元和监督码元的约束关系分为分组码和卷积码。分组码是将 k 信息比特编成 n bit 的码字,共有 $2k$ 个码字。所有 $2k$ 个码字组成一个分组码,传输时前后码字之间毫无关系。卷积码也是将 k 信息比特编成 n bit,每比特不但与本码的其他比特关联,而且与前面 m 个码段的比特位也相互关联;该码的约束长度为 $(m+1) \times n$ bit。

11.4　实验 8　卷积编码和维特比译码

1. 实验目的

(1) 认识 MATLAB/Simulink 的基本功能。

(2) 了解 Simulink 的基本图符库,并能进行卷积编码和维特比译码的仿真。

(3) 掌握编码和译码中的状态转移、累加—比较—选择运算和回溯。

(4) 理解卷积编码和维特比译码的工作原理和过程。

2. 实验内容

(1) 在代码 conv_encoder_decoder. m 中改变接收序列的错误图样,不要引入误码比特,在 ACS 运算结束后,观察 state_metrics,看是否存在一个度量值为 0 的状态,思考为什么?

(2) 在 conv_encoder_decoder_plot. m 中改变接受序列的错误图样,引入 6 个连续误码比特率,并将 decode_steps 设为 42,将结果网格图和从第 42 步开始回溯的网格图比较,思考为什么?

(3) 本仿真代码采用了硬判决方式,尝试改进本代码,实现软判决译码,在高斯白噪声信道下获得各种信噪比对应的软判决译码比特差错概率,绘制性能曲线。软判决译码需要以欧几里得距离计算各种度量值。

(4) 参考本书第 10 章的实验 6(QAM 符号错误率)的仿真模型 qam16_ser. mdl,尝试用 Simulink 模板 Convolutional Encode 和 Viterbi Decoder 建立新的仿真模型,仿真卷积编码、BPSK 调制信号、高斯白噪声信道、维特比译码(软判决),获得系统各种信噪比对应的比特差错概率,绘制性能曲线。

3. 仿真环境

(1) Windows XP/ Windows 7。

(2) MATLAB R2009a。

4. 实验原理

1) 卷积码的编码原理

本实验仿真的 $(2,1,7)$ 线性卷积码是目前国际卫星通信和其他通信系统中广泛使用的一种标准卷积码。其原理电路如图 11.4.1 所示,输入一个数据比特,输出两个编码比特,每个输出比特和 7 个输出比特相关,一个卷积编码可以用 (n,k,K) 这 3 个参数表示,对于本实验的卷积码 $n=2,k=1,K=7$,其中 n 为输出的每段码的位数,k 为输入的每段信息码的位数,K 为卷积码的约束长度,$K=m+1$(m 为移位寄存器中存储的信息码组个数)。卷积编码器是采用移位寄存器以及异或逻辑电路实现的,该结构可以生成前后具有约束关系的码字。在每个输入信息序列的结尾还要进行结尾处理,具体方法是在结尾添加 km bit 的 0。

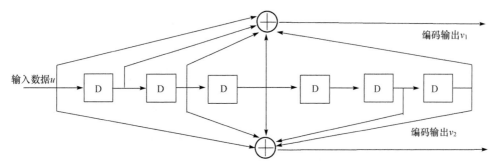

图 11.4.1　$(2,1,7)$ 卷积编码系统框图

设输入信息序列为 $u(i)$,输出序列为 $v_1(i)$ 和 $v_2(i)$,有

$$v_1(i)=u(i)\oplus u(i-1)\oplus u(i-2)\oplus u(i-3)\oplus u(i-6)$$
$$v_2(i)=u(i)\oplus u(i-2)\oplus u(i-3)\oplus u(i-5)\oplus u(i-6)$$

可以得到生成元为

$$\boldsymbol{g}_1=\begin{bmatrix} 1 & 1 & 1 & 1 & 0 & 0 & 1 \end{bmatrix}=\begin{bmatrix} 1 & 7 & 1 \end{bmatrix}_8$$
$$\boldsymbol{g}_2=\begin{bmatrix} 1 & 0 & 1 & 1 & 0 & 1 & 1 \end{bmatrix}=\begin{bmatrix} 1 & 3 & 3 \end{bmatrix}_8$$

卷积码编码器可以用生成多项式来描述如下,设输入信息序列 $u(i)$ 对应的多项式为

$$u(x)=u(0)+u(1)x+\cdots+u(l)x^l+\cdots \tag{11.4.1}$$

而输出序列为 $v_1(i)$ 和 $v_2(i)$ 对应的多项式为

$$\boldsymbol{v}(x)=\begin{bmatrix} v_1(x) \\ v_2(x) \end{bmatrix}=\begin{bmatrix} v_1(0)+v_1(1)x+\cdots+v_1(l)x^l+\cdots \\ v_2(0)+v_2(1)x+\cdots+v_2(l)x^l+\cdots \end{bmatrix} \tag{11.4.2}$$

那么线性卷积的多项式表达式为

$$\boldsymbol{v}(x)=[u(x)]^{\mathrm{T}}\boldsymbol{G}(x) \tag{11.4.3}$$

式中,$\boldsymbol{G}(x)$ 为 $k\times n$ 的多项式矩阵,称为线性卷积码的多项式生成矩阵

$$\boldsymbol{G}(x)=\begin{bmatrix} g_1(x) \\ g_2(x) \end{bmatrix}$$

式中,$g_1(x)$ 和 $g_2(x)$ 是生成元 $\boldsymbol{g}_1$ 和 $\boldsymbol{g}_2$ 对应的生成多项式

$$g_1(x)=1+x+x^2+x^3+x^6$$
$$g_2(x)=1+x+x^2+x^3+x^5+x^8$$

对卷积码的另一种表述方式是状态转移图(开放型),状态转移图在以后的解码过程中
也会用到。图 11.4.2 给出了(2,1,7)线性卷积码的部分图形。可以看到因为卷积编码器有
6 个寄存器,所以有 $2^6 = 64$ 个状态,状态的编号正好是编码器寄存器中比特位构成的二进
制序列对应的数值,注意最高位比特在图 11.4.1 的最右端,状态转移图表现了从任意一个
状态出发,如果输入 0 则根据上岗方头转移到新状态,输入 1 则根据下方箭头转移到新状
态;另外还标出了各个转移对应的编码器输出。

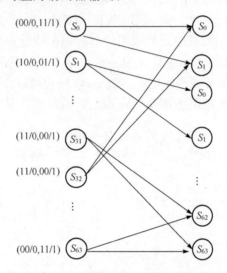

图11.4.2　(2,1,7)线性卷积码的状态转移图

状态转移图是网格图的一级,只需要将状态转移图级联在一起就可以得到卷积编码的
网格图,如图 11.4.3 所示。任何一个输入信号序列经过编码得到的输出编码序列都对应了
网格图上唯一一条路径,而网格图上的任何一条路径也对应唯一一个输入信息序列。

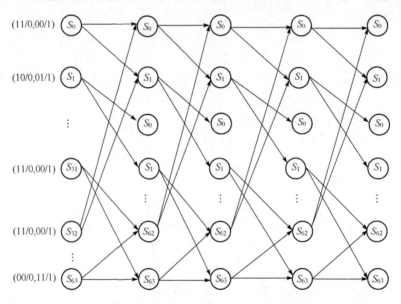

图 11.4.3　(2,1,7)线性卷积码的网格图

2) 维特比译码原理

维特比译码是一种基于最大似然准则的序列检测译码,它在下述意义上是最优译码算法,即它对整个信息比特序列译码的差错概率最小。维特比译码具有适中的复杂度,在数字通信的前向纠错中用得较多,成为当前最实用并被普遍采用的卷积码译码算法。

维特比译码的基本思路是把接收序列和网格图上的所有可能序列进行比较,寻找与接收序列距离(度量)最小的路经作为译码输出。观察卷积码的网格图可以看到,子网格图上的任何时刻,对任何两条汇合到同一状态的路径,可以在该时刻比较它们的度量值,淘汰度量值较大的路径。因此在每一个网格图的时刻,都可以淘汰 2^m(对于本实验是 64)条路径,这样就可以大大降低译码计算的复杂度。

维特比译码算法有两种判决方式:硬判决,软判决。硬判决译码就是寻找与接收序列具有最小汉明距离的路径;软判决译码就是寻找与接收序列具有最小欧几里得距离的路径(本实验采用的是硬判决)。下面介绍在硬判决情况下分支度量值、路径累计度量值和状态累计度量值的计算。

第 i 条路径在 j 时刻的分支度量值(Branch Metric)为

$$\mu_j^{(i)} = D(r_j, C_j^{(i)}) \tag{11.4.4}$$

式中,r_j 是在 j 时刻接收到的两比特;$C_j^{(i)}$ 是在 j 时刻对应的两比特输出;$D(r_j, C_j^{(i)})$ 表示计算两者的汉明距离。在 l 时刻,路径 i 的路径累计度量值(Path Metric)为

$$CM_l^{(i)} = \sum_{j=1}^{l} \mu_j^{(i)} \tag{11.4.5}$$

在 l 时刻的状态 S 的状态累计度量值(State Metric)为

$$SM_l^{(S)} = \min\{CM_l^{(P_{Sl1})}, CM_l^{(P_{Sl2})}, \cdots\} \tag{11.4.6}$$

式中,$P_{Sl1}, P_{Sl2}, \cdots$ 表示 l 时刻经过状态 S 的所有路径。在网格图的末尾,比较所有路径的路径累计度量值,得到度量值最小的路径及译码结果。

维特比译码算法通过重复 ACS 运算(累加—比较—选择)可以简化上述的计算过程。维特比译码算法的 ACS 算法的核心步骤可简要描述如下。在网格图的第 l 时刻,计算进入每一个状态的两条路径的分支度量值,并与前一时刻的状态累计度量值相加,得到这两条路径的路径累计度量值,这个是 ACS 运算的比较阶段;取其中较少的作为 l 时刻的该状态的状态累计度量值,并记录选择的是两条路径中的哪一条(幸存路径),这个是 ACS 运算的选择阶段;$l \leftarrow l+1$,重复上述 ACS 运算。仔细观察可以发现,在 ACS 运算的每一步,每个状态的选择过程中只需要记录 1bit 的 0 或者 1 就可以了,该比特实际上就是较小度量的路径在 $l-m$ 时刻的输入信息比特。

重复上述 ACS 运算,维特比译码算法记录下来每个时刻、每个状态的选择结果。在网格图的最后时刻,可以从全零状态开始回溯(因为编码时采用了添加全零的结尾处理办法),回溯也在网格图上进行,但方向和 ACS 运算相反。回溯计算的核心步骤可简要描述如下:在网格图的第 l 时刻,在 ACS 运算记录的选择结果中查找第 l 时刻当前状态的选择结果,该比特就是译码所得的输出信息序列的第 $l-m$ 比特 $\hat{u}(l-m)$,在无误码情况下 $\hat{u}(l-m) = u(l-m)$;根据 $\hat{u}(l-m)$ 调整当前状态,将当前状态对应的二进制序列的最低位去掉,将 $\hat{u}(l-m)$ 填补到二进制序列的最高位,形成新的当前状态的编号;$l \leftarrow l-1$,重复上述回溯运算直到得到所有的 $\hat{u}(l-m)$。

3) 实验方案设计

本实验的仿真代码在文件 conv_encoder_decoder. m 中，打开 conv_encoder_decoder. m 可以看到如图 11.4.4 所示的主程序总体结构。该程序实现了一帧数据的编码和解码。

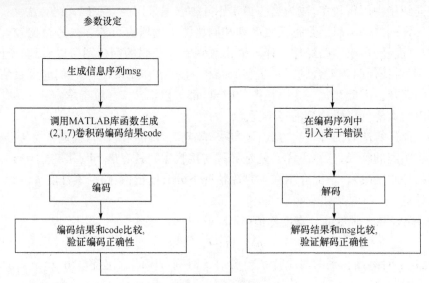

图 11.4.4　主程序总体结构

5. 实验步骤及注意事项

（1）打开 MATLAB 应用软件，如图 11.4.5 所示。

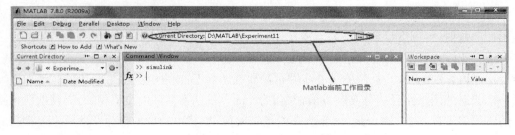

图 11.4.5　MATLAB 界面

（2）在图 11.4.5 中 File 下单击 open 菜单项，打开 conv_encoder_decoder. m 文件，可以看到如图 11.4.4 所示的主程序架构。

（3）运行 conv_encoder_decoder. m 文件，观察实验结果。

6. 实验结果

运行 conv_encoder. m 前，可以用下述方法改变接收序列的错误图样：code_err(5) =-code(5)，该代码将编码序列的第 5 比特取反，从而引入一个错误比特，当前 conv_encoder_decoder. m 在编码序列的第 5-9 比特引入了共 5 比特错误。运行 conv_encoder_decoder. m，输出了两个结果，一个是 code 和 coder_out 是 put 的差异比特数量，code 是调用 MATLAB 函数得到的编码结果，coder_output 是自行编写的编码输出；另一个是 msg 和 decoder_output 的差异比特数量，msg 是原始信息序列，decoder_output 是解码结果。可以看到两个结果都是 0,说明编码和解码都是正确的。

　　conv_encoder_decoder. m 是在完成一整帧的 ACS 运算后才开始回溯的,在实际系统中,为得到实时的编码结果和减少幸存路径的存储空间,需要在完成部分 ACS 运算后就开始回溯部分解码结果。打开 conv_encoder_decoder_plot. m 可以观察到这种情况下的回溯结果,和上一个仿真文件的区别是,conv_encoder_decoder_plot. m 在 decode_steps=35 时暂停了 ACS 运算,开始回溯。值得注意的是在中途开始回溯时,回溯的起始状态是度量值最小的状态,而不是 S_0。另外作为比较,conv_encoder_decoder_plot. m 也已回溯了其他起始状态。回溯结果如图 11.4.6 所示,其中路径 a 是从最小度量的状态开始回溯的,而路径 b 从其他状态开始回溯,可以看到大部分路径逐渐合并为这两条路径。将 decode_steps 设为 42 重新仿真,可以得到图 11.4.7,可以看到所有路径都合并到一条路径了。这个仿真说明,对于中途回溯:①回溯路径中靠前的译码结果比较可靠;②从度量值最小的状态开始回溯,可靠性比较高;③回溯输出译码结果时要保证一定的回溯深度,为了可靠回溯输出前几比特,回溯深度达到 42 有比较好的效果,实际系统的回溯深度一般为约束长度的 5-9 倍。

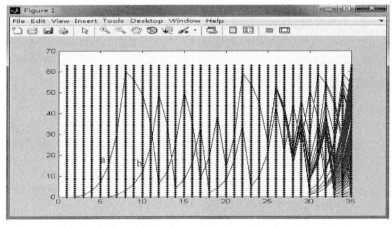

图 11.4.6　从第 35 步开始回溯的网格图

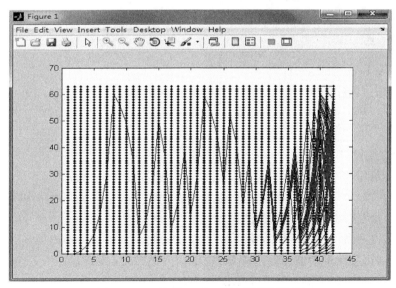

图 11.4.7　从第 42 步开始回溯的网格图

7. 思考及练习

（1）卷积码和分组码之间有何异同点？卷积码适用于纠正哪类错码？

提要 卷积码是一种非分组码。通常它更适用于前向纠错，因为对于许多实际情况，它的性能优于分组码，而且运算较简单。

（2）卷积码有多种解码方法，维特比算法是应用最为广泛的一种。试列出各种卷积码解码方法的种类及常用方法。

提要 卷积码解码方法可以分为两类：代数解码和概率解码。大数逻辑解码，又称门限解码，是卷积码代数解码最主要的一种方法。维特比算法是一种概率解码，应用最为广泛。

11.5 实验9 多径衰落信道信号的分集

1. 实验目的

（1）认识 MATLAB/Simulink 的基本功能。

（2）了解 Simulink 的基本图符库，并能分别对多径衰落信道中的双路分集接收系统和无分集接收的单路系统进行仿真。

（3）理解瑞利衰落对系统性能的影响，以及分集接收系统的模型结构。

2. 实验内容

（1）在本仿真模型中改变信噪比设置，得到各种信噪比条件下的误码率，绘制误码曲线。

（2）在本仿真模型基础上，修改仿真模型，仿真 DPSK 和 FSK 调制在瑞利衰落信道下的误码率性能和分集接收误码率性能。

（3）在本仿真模型基础上，尝试修改仿真模型，仿真 4 路分集接收 PSK 信号的误码率性能。

3. 仿真环境

（1）Windows XP/Windows 7。

（2）MATLAB R2009a。

4. 实验原理

1）多径衰落原理

在多径衰落信道中，克服误码率性能急剧恶化的有效措施是分集接收技术。《通信原理》（黄载禄，2007）中给出了 L 条分集信道的二进制信号分集接收系统模型框图。本实验取 $L=2$，系统模型框图如图 11.5.1 所示。

模型中假设两条信道中传输的信号相同，又假设每一条信道为平坦瑞利衰落的，且两条信道相互独立，每条信道的信号受到同分布、零均值 AWGN 噪声的干扰，且信号噪声是相互独立的，于是，两条信道的等效低通接收信号可表示为

$$\gamma_{kn}(t)=a_k e^{-j\varphi_k}s_m(t)+z_k(t), \quad k=1,2;m=1,2 \tag{11.5.1}$$

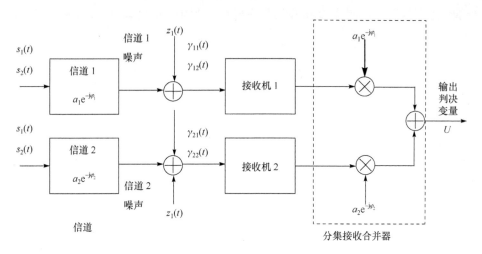

图 11.5.1　二进制信号分集接收系统模型

式中，$\{a_k e^{-j\varphi_k}\}$ 表示两条信道的衰减因子和相移，其中 a_k 符合瑞利分布，而 φ_k 符合 $[0,2\pi)$ 上的均匀分布；$s_m(t)$ 表示发送到信道的二进制信号（$m=1,2$），本实验中采用二进制 PSK 信号，所以有 $s_1(t)=-s_2(t)$；$z_k(t)$ 表示第 k 条信道上的加性高斯白噪声。

　　在接收系统中，接收信号首先经过由匹配器构成的最佳解调器（图 11.5.1 中的接收机 1 和接收机 2），匹配滤波器的冲激响应是

$$b(t)=s_1^*(T-t)$$

　　在无噪声且信道增益为 1 时，发送端发送 $s_1(t)$，接收机输出 $+E$，发送端发送，接收机输出 $-E$，其中 E 是信号能量。两条信道信号经过接收机后送入合并器，合并后输出判决变量 U。本实验采用的合并策略是最大比合并；对各分集支路的信号按照信噪比的大小加权，其权重由各支路的信噪比决定，信噪比高的权重高，反之权重低。合并器的结构如图 11.5.1 所示，容易验证最大比合并条件下合并系数分别是 $a_1 e^{j\varphi_1}$ 和 $a_1 e^{j\varphi_2}$。

　　容易推导得到，具有两个分集信号的二进制 PSK 的最大比合并器的输出可表示为一位判决变量

$$U=\mathrm{Re}\left[2E_s(a_1^2+a_2^2)+(a_1 N_1+a_2 N_2)\right]=2E_s(a_1^2+a_2^2)+(a_1 N_{1r}+a_2 N_{2r}) \tag{11.5.2}$$

式中，$N_{kr}(k=1,2)$ 表示复高斯变量 N_k 的实部，N_k 为 AWGN 噪声

$$N_k = e^{j\varphi_k}\int_0^T z_k(t)s_1^*(T-t)\mathrm{d}t \tag{11.5.3}$$

　　实验中，假设接收系统已知信道响应 $\{a_k e^{-j\varphi_k}\}$，接收系统根据 $\{a_k e^{-j\varphi_k}\}$ 设定合并系数，在实际通信系统中，接收系统需要通过信道估计算法获得信道响应。另外，可以看到判决变量中的有用信号部分 $2E_s(a_1^2+a_2^2)$ 与信道的相位无关，噪声部分 $(a_1 N_{1r}+a_2 N_{2r})$ 的统计也不依赖于信道的相位，所以本实验不仿真信道的相位，即信道的相位 φ_1 和 φ_2 始终固定为 0。

　　2）实验方案设计

　　本实验的仿真模型在文件 flat_fading_and_diversity.mdl 中，打开后可以看到两个独立的仿真模型，第一部分是平坦瑞利衰落信道条件下，无分集的单路二进制 PSK 误码率的仿真模型，这个仿真模型主要用于性能比较，这里不再详细讨论其模型结构。第二部分是平坦

瑞利衰落信道条件下,两信道分集接收的二进制 PSK 误码率的仿真模型,如图 11.5.2 所示。

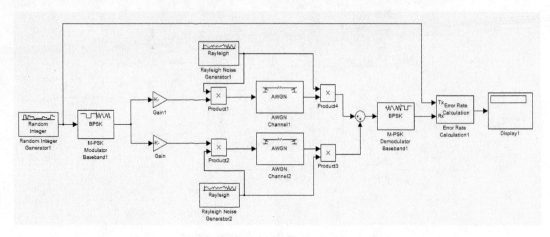

图 11.5.2　两信道分集接收的二进制 PSK 误码率的仿真模型

5. 实验步骤

(1) 打开 MATLAB 应用软件,如图 11.5.3 所示。

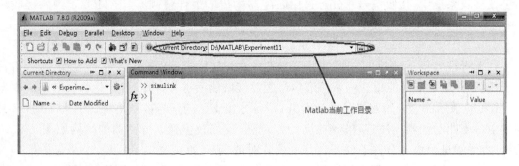

图 11.5.3　MATLAB 界面

(2) 在图 11.5.3 中的 Command Window 的光标处输入 simulink,回车。

(3) 在图 11.5.3 中,执行 File→New→Model 命令新建文件,保存在 MATLAB 工作目录下,并取名为 flat_fading_and_diversity. mdl。

(4) 在 Find 命令行处输入基带 M_PSK 解调器(M_PSK Demodulator Baseband),就在窗口的右边找到了该仿真模块图标。用鼠标右键选择该模块,将其添加到创建的 flat_fading_and_deversity 窗口中。

(5) 用相同的方法创建基带 M-PSK 调制器(M-PSK Demodulator Baseband)、瑞利噪声发生器(Rayleigh Noise Generator),观察每个设备的连接点,用鼠标左键把设备连接起来,如图 11.5.2 所示。

(6) 单击"运行仿真模型"按钮即可运行 flat_fading_and_diversity. mdl,观察实验结果。

6. 实验结果

运行 flat_fading_and_diversity. mdl,可以得到以下的仿真结果。仿真模型仿真了

106bit,得到了在信噪比 $E_s/N_0=20$dB 的条件下,无分集单路信道系统和两路分集信道系统的误码率,分别是 0.0025、6.7×10^{-5}。通过实验可以看到,在平坦瑞利衰落信道中,通过分集接收,可以大大改善通信系统的误码率性能。

7. 思考及练习

(1) 阐述瑞利衰落产生的原因及对系统性能的影响?

提要　在无线通信信道中,由于信号进行多径传播达到接收点处的场强来自不同传播的路径,各条路径延时时间是不同的,而各个方向分量波的叠加,又产生了驻波场强,从而形成信号快衰落,称为瑞利衰落。瑞利衰落属于小尺度的衰落效应,它总是叠加于如阴影、衰减等大尺度衰落效应上,从而大大降低系统的性能,造成系统误码率的急剧恶化。

(2) 说明分集接收技术能有效克服误码率性能急剧恶化的原因。

提要　分集接收技术通过多个信道(时间、频率或者空间)接收到承载相同信息的多个副本,由于多个信道的传输特性不同,信号多个副本的衰落就不会相同。接收机使用多个副本包含的信息能比较正确地恢复出原发送信号。这就是分集接收技术能有效克服误码率性能急剧恶化的原因。

第 12 章　伪随机序列

12.1　概　　述

如果一个序列,一方面它是可以预先确定的,并且是可以重复地生产和复制的;另一方面它又具有某种随机序列的随机特性(统计特性),便称这种序列为伪随机序列。

伪随机序列(PN 码)具有类似噪声序列的性质,是一种貌似随机但实际上有规律的周期性二进制序列。类似白噪声的随机特性,可重复产生,如 m 序列、M 序列、GOLD 序列。

伪随机序列是具有某种随机特性的确定的序列。它们由移位寄存器产生确定序列,然而它们却具有某种随机特性的随机序列。因为同样具有随机特性,无法从一个已经产生的序列的特性中判断其是真随机序列还是伪随机序列,只能根据序列的产生办法来判断。伪随机序列具有良好的随机性和接近于白噪声的相关函数,并且有预先的可确定性和可重复性。这些特性使得伪随机序列得到了广泛的应用,特别是在 CDMA 系统中作为扩频码已成为 CDMA 技术中的关键问题。其重要的特性为序列中两种元素出现的个数大致相等。

12.2　实验 10　直接序列扩频(DSSS)

1. 实验目的

(1) 认识 MATLAB/Simulink 的基本功能。

(2) 了解 Simulink 的基本图符库,并能进行简单的 DSSS 通信系统的仿真。

(3) 深入理解 DSSS 通信系统的工作原理和过程,对 DSSS 的抗干扰性能有一个直观的认识。

2. 实验内容

(1) 在本仿真模型中改变窄带干扰信号的频率,观察各点信号波形,观察解调结果的变化;加大窄带干扰信号的功率,观察解调结果的变化。

(2) 在本仿真模型基础上,修改仿真模型,将窄带干扰源替换成相同功率的宽带噪声干扰源,观察各点信号的波形,观察解调结果的变化。

(3) 在本仿真模型基础上,尝试修改仿真模型,改变扩频因子大小,观察其抗窄带干扰能力的变化。需要注意的是,在改变扩频因子时,需要相应改变 PN 序列发生器的采样周期、滤波器中采样频率的设置等。

(4) 在本仿真基础上,尝试改进本仿真模型,实现 QPSK 直接序列扩频信号调制和解调。

(5) 参考本仿真模型,尝试建立新的仿真模型,实现跳频、扩频信号的发送和接收。

3. 仿真环境

（1）Windows XP/Windows 7。

（2）MATLAB R2009a。

4. 实验原理

1）DSSS 原理

本实验仿真一个简单的 DSSS 通信系统，其系统结构如图 12.2.1 所示，与实际 DSSS 通信系统相比，该模型省略了对数据的信道编码和解码，另外，在符号调制方面采用了最简单的 BPSK 调制。

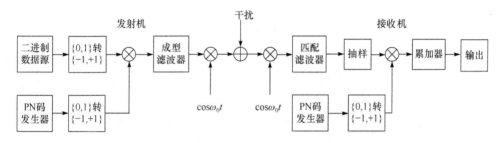

图 12.2.1　DSSS 通信系统结构

对于上述系统结构，设发送端数据源的码元的速率为 $R(\text{bit/s})$，扩频之后占用的信道宽带为 $W(\text{Hz})$，为了充分利用信道给予的带宽，通常选扩频码速率为 W 次每秒。

此时扩频码元宽度为 $T_c = 1/W$。填充在二进制数码码元中的扩频码称为片码。二进制数码的码元宽度 $T_b = 1/R$，因此扩频因子 B 表示为

$$B_e = \frac{W}{R} = \frac{T_b}{T_c} \tag{12.2.1}$$

数据码元和扩频片码都转换为 $\{-1, +1\}$，此过程等效于 BPSK 调制，扩频码调制器用乘法器实现。扩频之后的片码要通过一个波形成型滤波器，常用的成型滤波器是平方根升余弦滚降滤波器作为匹配滤波器，这样发送端和接收端共同构成一个升余弦滚降滤波器，消除了抽样时刻上的片码间串扰。解扩之后使用一个累加器收集同一个数据码元时间范围内的所有片码，得到判决统计量。

本实验只进行复包络仿真，不仿真射频调制、解调部分（$\cos\omega t$ 部分），对于干扰，本实验仿真了一个落到扩频带宽 W 范围内的正弦波干扰。

2）实验方案设计

本实验的仿真模型在文件 dsss.mdl 中，打开 dsss.mdl 可以看到如图 12.2.2 所示的模型结构，模型主要由三个主要部分构成：①发射机部分，主要是对数据信号的扩频；②在扩频信号中加入干扰信号；③接收机部分，主要是解扩和数据判决。

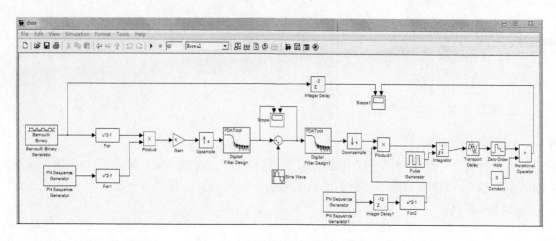

图 12.2.2　DSSS 通信系统仿真模型

　　发射机的模型如图 12.2.3 所示,首先由伯努利二进制数据发生器产生$\{0,1\}$二进制数据序列,PN 序列发生器产生$\{0,1\}$PN 序列;之后通过表达式模块将这些$\{0,1\}$序列转换为$\{-1,+1\}$序列,此过程相当于 BPSK 调制;然后用乘法器实现 PN 序列的扩频;扩频之后的片码序列,要通过一个 48 阶的平方根升余弦滚降滤波器实现片码的波形成型,波形成型是为了限制扩频信号的频谱上主瓣之外的带外辐射,同时与接收端的匹配滤波器共同作用消除片码间串扰;因为平方根升余弦滚降滤波器按 4 倍上采样速率设计,所以在滤波之前要先对信号进行 4 倍上采样,上采样前的 4 倍增益保证在上采样和滤波后信号的幅度保持在 1 附近。

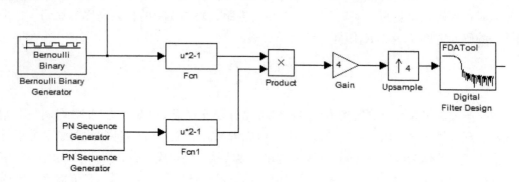

图 12.2.3　DSSS 通信系统发射机

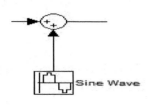

图 12.2.4　窄带干扰

　　干扰部分由一个正弦波发生器构成(图 12.2.4),该正弦波用来模拟窄带干扰,其幅度要明显大于扩频信号的幅度。

　　接收机的模型如图 12.2.5 所示。接收机的最前端是匹配滤波器,其后是 4 倍下采样;接收机本地也产生和发送端相同的 PN 序列,因为匹配器的影响,扩频信号正好被延迟了 $12T_c$,为了保持收发两端的 PN 序列同步,需要将收端的 PN 序列也延迟 $12T_c$;解扩由一个乘法器完成,之后的累计器由一个积分器模块实现,该积分器对每个 T_b 时段的解扩信号进行积分,积分器由一个脉冲发生器提供复位脉冲信号,复位脉冲正好和每一个数据码元的起始时间同步;积分器之后的传输延迟模块对积分后信号做适当延迟,使后级的零阶采样保持模块正好采样到积分信号的跳变区域;最后用关系符操作模块进行数据判决。

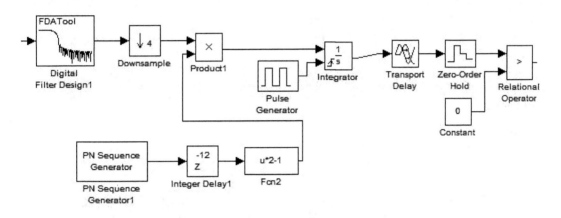

图 12.2.5　DSSS 通信系统接收机

5. 实验步骤

(1) 打开 MATLAB 应用软件,如图 12.2.6 所示。

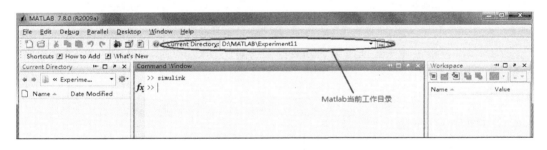

图 12.2.6　MATLAB 界面

(2) 在图 12.2.6 中的 Command Window 的光标处输入 simulink,回车。

(3) 在图 12.2.6 中,执行 File→New→Model 命令新建文件,保存在 MATLAB 工作目录下,并取名为 dsss. mdl。

(4) 在 Find 命令行处输入 PN Sequence generator,就在窗口的右边找到了该仿真模块图标。用鼠标右键选择该模块,将其添加到创建的 dsss 窗口中。

(5) 用相同的方法创建通用表达式模块(Fcn)、传输延时模块(Transprot Delay)、FDA工具(FDAtool)和脉冲序列发生器(Pulse Generator),观察每个设备的连接点,用鼠标左键把设备连接起来,如图 12.2.5 所示。

(6) 单击"运行仿真模型"按钮即可运行 dsss. mdl,观察实验结果。

6. 实验结果

运行 dsss. mdl 可以得到如下的仿真结果。比较加入正弦波干扰前后的波形如图 12.2.7 所示,可以看到实验中加入的正弦波干扰幅度明显大于扩频信号的幅度。如果不采用扩频和解扩技术,将很难得到正确的判决结果。

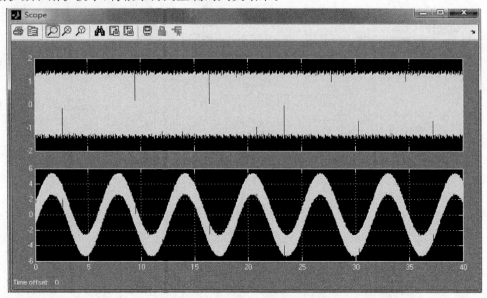

图 12.2.7　加入正弦波干扰前(上)与加入正弦波干扰(下)波形比较

图 12.2.8 显示了发送数据码元和判决结果的对比,可以看到,通过扩频和解扩,通信系统具有很强的抗窄带干扰能力,保障了通信的可靠性。

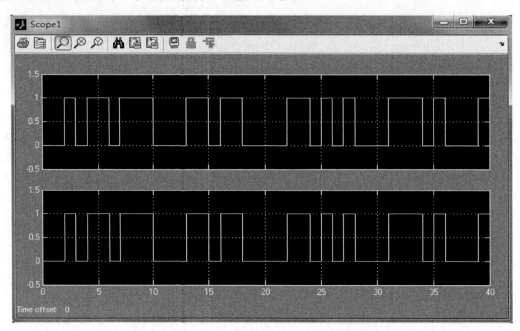

图 12.2.8　对比发送数据码元(上)和接收判决结果(下)

7. 思考及练习

通过 DSSS 通信系统的实验结果，阐述 DSSS 通信系统的特点及优势。

提要　从实验的结果可以看出 DSSS 能使通信系统具有很强的抗窄带干扰能力，保障了通信的可靠性。在需要最佳可靠性的应用中 DSSS 技术具有较佳的优势。

第13章 同 步

13.1 概 述

同步是指收发双方在时间上步调一致,故又称定时。在数字通信中,按照同步的功用分为载波同步、位同步、群同步和网同步。

(1) 载波同步。载波同步是指在相干解调时,接收端需要提供一个与接收信号中的调制载波同频同相的相干载波。这个载波的获取称为载波提取或载波同步。在模拟调制以及数字调制学习过程中,了解到要想实现相干解调,必须有相干载波。因此,载波同步是实现相干解调的先决条件。

(2) 位同步。位同步又称码元同步。在数字通信系统中,任何消息都是通过一连串码元序列传送的,所以接收时需要知道每个码元的起止时刻,以便在恰当的时刻进行取样判决。例如,在最佳接收机结构中,需要对积分器或匹配滤波器的输出进行抽样判决,判决时刻应对准每个接收码元的终止时刻。这就要求接收端必须提供一个位定时脉冲序列,该序列的重复频率与码元速率相同,相位与最佳取样判决时刻一致。把提取这种定时脉冲序列的过程称为位同步。

(3) 群同步。群同步包含字同步、句同步、分路同步,它有时也称帧同步。在数字通信中,信息流用若干码元组成一个"字",又用若干个"字"组成"句"。在接收这些数字信息时,必须知道这些"字"、"句"的起止时刻,否则接收端无法正确恢复信息。对于数字时分多路通信系统,如 PCM30/32 电话系统,各路信码都安排在指定的时隙内传送,形成一定的帧结构。为了使接收端能正确分离各路信号,在发送端必须提供每帧的起止标记,在接收端检测并获取这一标志的过程,称为帧同步。因此,在接收端产生与"字"、"句"及"帧"起止时刻相一致的定时脉冲序列的过程统称为群同步。

(4) 网同步。在获得了以上讨论的载波同步、位同步、群同步之后,两点间的数字通信就可以有序、准确、可靠地进行了。然而,随着数字通信的发展,尤其是计算机通信的发展,多个用户之间的通信和数据交换构成了数字通信网。显然,为了保证通信网内各用户之间能可靠地通信和数据交换,全网必须有一个统一的时间标准时钟,这就是网同步的问题。

同步也是一种信息,按照获取和传输同步信息方式的不同,又可分为外同步法和自同步法。

(1) 外同步法。由发送端发送专门的同步信息(常称为导频),接收端把这个导频提取出来作为同步信号的方法,称为外同步法。

(2) 自同步法。发送端不发送专门的同步信息,接收端设法从收到的信号中提取同步信息的方法,称为自同步法。

自同步法是人们最希望的同步方法,因为可以把全部功率和带宽分配给信号传输。在载波同步和位同步中,两种方法都采用了,但自同步法正得到越来越广泛的应用;而群同步一般都采用外同步法。

同步本身虽然不包含所要传送的信息,但只有收发设备之间建立了同步后才能开始传送信息,所以同步是进行信息传输的必要前提。同步性能的好坏又将直接影响通信系统的性能。如果出现同步误差或失去同步就会导致通信系统性能下降或通信中断。因此,同步系统应具有比信息传输系统更高的可靠性和更好的质量指标,如同步误差小、相位抖动小以及同步建立时间短、保持时间长等。

锁相环最初用于改善电视接收机的行同步和帧同步,以提高抗干扰能力。20 世纪 50 年代后期,随着空间技术的发展,锁相环用于对宇宙飞行目标的跟踪、遥测和遥控。20 世纪 60 年代初随着数字通信系统的发展,锁相环应用越来越广泛,如为相干解调提取参考载波、建立位同步等。在电子仪器方面,锁相环在频率合成器和相位计等仪器中起了重要作用。

13.2 实验 11 Costas 环载波同步

1. 实验目的

(1) 认识 MATLAB/Simulink 的基本功能。

(2) 了解 Simulink 的基本图符库,以 BPSK 信号作为接收机的输入信号,对利用 Costas 环从接收的 BPSK 数字调制信号中提取同步载波的过程进行仿真。

(3) 通过本实验深入理解 Costas 环的工作原理。

2. 实验内容

(1) 在本仿真模型中改变发端载波的频率和初相,观察压控信号的变化和 Costas 环能否稳定,记录 Costas 环能正确锁定的频率范围。

(2) 在本仿真模型基础上,尝试改进仿真模型,在 ν_5 信号点进行抽样和数据判决,与发送数据比较。改变发端的载波的初相为 $3\pi/2$,重复数据判决和比较,观察相位模糊现象。

3. 仿真环境

(1) Windows XP/Windows 7。

(2) MATLAB R2009a。

4. 实验原理

1) Costas 原理

Costas 环提取载波原理如图 13.2.1 所示。其中压控振荡器输出信号直接供给一路相乘器。供给另一路的则是压控振荡器输出经 90°移相后的信号。两路相乘器的输出均包含调制信号和相位差信息,两路信号相乘,经环路滤波器滤波后得到的控制电压仅与压控振荡器输出载波和理想载波之间的相位差有关,而与调制信号无关。因此可以通过该控制电压准确地对压控振荡器进行调整,恢复出与原始的载波信号相同相位的本地载波。

以下简要推导 Costas 环的工作原理。设输入已调信号为 $m(t)\cos\omega_0 t$,本地载波与信号载波有一个大小为 θ 的相位差,即本地载波为 $\cos(\omega_0 t+\theta)$,则

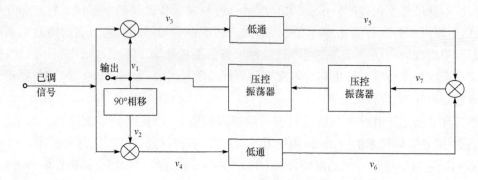

图 13.2.1　Costas 环系统原理框图

$$\nu_3 = m(t)\cos\omega_0 t\cos(\omega_0 t+\theta) = \frac{1}{2}m(t)\big[\cos\theta + \cos(\omega_0 t+\theta)\big]$$

$$\nu_4 = m(t)\cos\omega_0 t\sin(\omega_0 t+\theta) = \frac{1}{2}m(t)\big[\sin\theta + \sin(2\omega_0 t+\theta)\big]$$

经低通滤波器后的输出分别为

$$\nu_5 = \frac{1}{2}m(t)\cos\theta$$

$$\nu_6 = \frac{1}{2}m(t)\sin\theta$$

将 ν_5 和 ν_6 在相乘器中相乘,得到

$$\nu_7 = \nu_5\nu_6 = \frac{1}{8}m^2(t)\sin2\theta$$

当 θ 较小时,有

$$\nu_7 \approx \frac{1}{4}m^2(t)\theta$$

将 ν_7 送入环路滤波器,环路滤波器可以滤除 $m^2(t)$ 带来的波动,输出的控制电压只与 θ 成正比,而与具体发送的基带信号 $m(t)$ 无关。该控制电压相当于锁环的鉴相器输出,用该控制电压去调整压控振荡器输出信号的频率,从而调整输出信号的相位,在相位稳定时,压控振荡器的输出就是所需提取的同步载波。

2) 实验方案设计

本实验的仿真模型在文件 costas. mdl 中,另一个文件 costas_baseband. mdl 是 costas. mdl 的基带复包络版本。打开 costas. mdl 可以看到如图 13.2.2 所示的仿真模型结构。该模型包括两个主要部分:BPSK 信号发射机模块;载波恢复模块。以下对这两个主要部分进行详细讨论。

(1) BPSK 信号发射机模块。

BPSK 发射机模型如图 13.2.3 所示。首先对随机二进制数据进行 BPSK 调制,得到

BPSK 复包络信号;因为 BPSK 复包络信号只有实部分量,所以通过一个提取实部模块得到
实部分量调制到载波信号上。仿真中载波的频率设为 1kHz 左右,采样率为 10kHz,而数据
速率和 BPSK 复包络信号的采样率为 0.25kHz,所以在进行载波调制前需要将 BPSK 信号
上采样 40 倍到 10kHz,上采样之后的信号要通过一个低通滤波器滤除上采样噪声的频谱镜
像分量。该低通滤波器也是一个平方根升余弦滚降滤波器,起到 BPSK 符号波形成型的
作用。

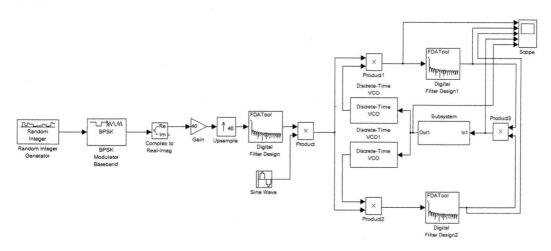

图 13.2.2　Costas 环仿真模型

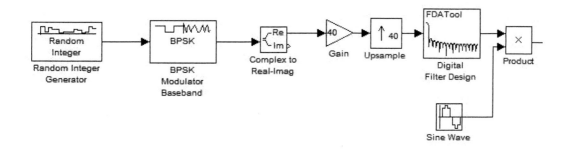

图 13.2.3　BPSK 发射机模型

(2) 载波恢复模块。

载波恢复模块如图 13.2.4 所示,该模型和实验原理中的原理框图几乎完全一致,所不
同的是,原理框图(图 13.2.1)中使用了 90°移相的模块,模块中使用的两个 VCO 模块的参
数都一样,只是初始相位差 90°,在同一个输入信号的去驱动下,两个 VCO 模块的输出始终
相差 90°移相等效。注意,这只是仿真中采用的等效手段,并不是实际系统使用的方法。模
型中 VCO 模块中心频率设为 1kHz。压控灵敏度设为 1,即输入压控信号为 1 时,输出为
1001Hz。环路滤波器的设计超出了本书的内容,有兴趣的读者可以参考《锁相技术》(王福
昌等编著)学习相关内容。

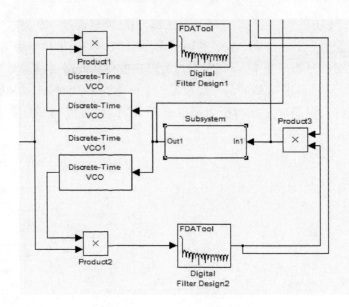

图 13.2.4 载波恢复模块

5. 实验步骤

(1) 打开 MATLAB 应用软件,如图 13.2.5 所示。

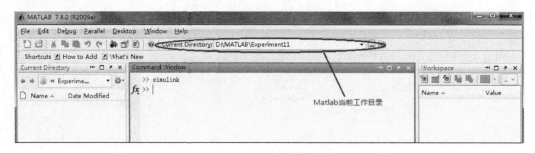

图 13.2.5 MATLAB 界面

(2) 在图 13.2.5 中的 Command Window 的光标处输入 simulink,回车。

(3) 在图 13.2.5 中,执行 File→New→Model 命令新建文件,保存在 MATLAB 工作目录下,并取名为 costas.mdl。

(4) 在 Find 命令行处输入 Discrect-Time VCO,就在窗口的右边找到了该仿真模块图标。用鼠标右键选择该模块,将其添加到创建的 costas 窗口中。

(5) 用相同的方法创建通用表达式模块:相位/频率偏差模块(Phase/Frequency Offset)以及 BPSK Modulator Baseband Complex to Real－Imag FDA Tool,观察每个设备的连接点,用鼠标左键把设备连接起来,如图 13.2.2 所示。

(6) 单击"运行仿真模型"按钮即可运行 costas_baseband.mdl,观察实验结果。

(7) 实验注意事项。

costas_baseband.mdl 是 costas.mdl 的基带复包络版本,其系统结构与 costas.mdl 相

似,主要区别如下。

① 仿真的采样频率为 BPSK 符号速率的 4 倍,1kHz。

② 发端和收端之间的频率/相位偏差用一个 Simulink 模块仿真,该模块能在基带复包络域中仿真频率/相位偏差。

③ 收端产生基带复载波,中心频率是 0Hz。

④ 接收的复包络信号和基带复载波相乘,结果的实部为 I 路,虚部为 Q 路。

6. 实验结果

运行 costas. mdl,可以得到以下的仿真结果。仿真中,将发射端的载波频率设为 1001Hz,这样发射端频率和接收端 VCO 中心频率相差了 1Hz。图 13.2.6 显示了 Costas 环中各个关键点的信号波形,图中的 5 条曲线从上至下依次是:图 13.2.1 中的 v_3;图 13.2.1 中的 v_5;图 13.2.1 中的 v_6;图 13.2.1 中的 v_7;VCO 的输入压控信号。可以看到 v_3 中明显混合有高频信号,滤除高频信号后的 v_5 的信号幅度大致是基带 BPSK 信号幅度的 1/2,而正交支路上的 v_6 的信号幅度明显小很多。v_5 和 v_6 相乘得到的 v_7 经过滤波后得到 VCO 的输入压控信号,该压控信号经过一定时间的过渡期,最后稳定在 1 左右,因为 VCO 中心频率是 1kHz,压控灵敏度为 1,此时 VCO 输出信号的频率正好是 1001Hz,与发送端达到了相同的载波频率。

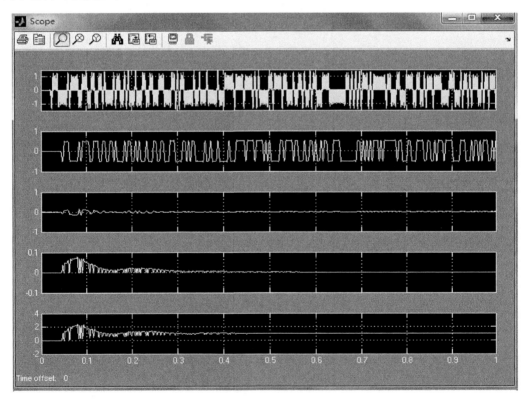

图 13.2.6　Costas 环各点波形

7. 思考及练习

(1) 对比平方环法,简述 Costas 环载波同步的优点。

提要　与平方环法相比,Costas 环法的主要优点是不需要平方电路,因而电路的工作频率较低。

(2) 完成实验内容第(2)步,请讲明相位模糊问题的主要矛盾在哪些方面?

提要　由锁相环原理可知,锁相环在 $(\varphi-\theta)$ 值接近 0 的稳态点有两个,在 $(\varphi-\theta)=0$ 和 π 处。所以,Costas 环法提取出的载频存在相位含糊性。在提取载频电路中的窄带滤波器的带宽对于同步性能有很大的影响。恒定相位误差和随机相位误差对于带宽的要求是矛盾的。同步建立的时间和保持时间对于带宽的要求也是矛盾的。因此滤波器的带宽需折中考虑。

参 考 文 献

樊昌信，曹丽娜. 通信原理. 6 版. 北京：国防工业出版社，2012.

黄载禄，殷蔚华，黄本雄. 通信原理. 北京：科学出版社，2007.

李永忠，徐静. 现代通信原理、技术与仿真. 西安：西安电子科技大学出版社，2010.

屈代明，何亚军，鲁放，等. 通信原理学习辅导——要点、仿真与习题. 北京：科学出版社，2008.

王福昌，鲁昆生. 锁相技术. 武汉：华中科技大学出版社，2004.

王念旭. DSP 基础与应用系统设计. 北京：北京航空航天大学出版社，2005.

现代通信原理教师参考书 V6.2. 湖北众友科技实业股份有限公司，2005.

徐进明，张孟喜，丁涛. MATLAB 实用教程. 北京：清华大学出版社，2005.

姚俊，马聪辉. Simulink 建模与仿真. 西安：西安电子科技大学出版社，2002.

赵静，张瑾. 基于 MATLAB 的通信系统仿真. 北京：北京航空航天大学出版社，2007.

Leon W，Couch II. 数字与模拟通信系统. 7 版. 北京：电子工业出版社，2010.

Proakis J G，Salehi M，Bauch G. 现代通信系统. 北京：电子工业出版社，2005.

缩 略 语

2BS	2 Bit Syncronization　2倍位同步
AM	Amplitude Modulation　幅度调制
AMI	Alternative Mark Inverse　传号交替反转
BNRZ	Bipolar NRZ　双极性不归零码
BPSK	Binar PSK　二进制移相键控
BRZ	Bipolar RZ　双极性归零码
BS	Bit Synchronization　位同步
CDMA	Code Division Multiple Access　码分多址
CMI	Coded Mark Inversion　传号反转
CMOS	Complementary Metal Oxide Semiconductor　互补金属氧化物半导体
CPLD	Complex Programmable Logic　Device　复杂可编程逻辑控件
DPCM	Differential PCM　差分脉冲编码调制
DSSS	Direct Sequence Spread Spectrum　直接序列扩谱
FDMA	Frequency Division Multiple Access　频分多址
FPGA	Field-Programmable Gate Array　现场可编程门阵列
FS	Frame　Syncronization　帧同步
HDB_3	High Density Bipolar of order 3 code　三阶高密度双极性码
JTAG	Joint Test Action Group　联合测试行为组织
MCU	Micro Control Unit　单片机(微控制器)
MSK	Minimum Shift Keying　最小频移键控
NRZ	No Return Zero　不归零编码
NRZ	Non Return-to-Zero　不归零(码)
OFDM	Orthogonal Frequency Division Multiplexing　正交频分复用
PAM	Pulse　Amplitude　Modulation　脉冲幅度调制
PCM	Pulse Code Modulation　脉冲编码调制
PSK	Phase Shift Keying　移相键控(调制波形)
QAM	Quadrature Amplitude Modulation　正交幅度调制
RZ	Return-to-Zero　归零(码)
TDMA	Time Division Multiple Access　时分多址